智博 Python 编程技术丛书

Python
趣味编程案例实战

【日】小林郁夫　佐佐木晃◎著　段琼◎译

中国水利水电出版社
www.waterpub.com.cn
·北京·

内容提要

《Python 趣味编程案例实战》一书用生动有趣的游戏案例编程过程学习基本的 Python 编程技术和面向对象的编程思想。全书分 4 部分，共 15 章，其中第 1 部分（1 ~ 4 章）以“打砖块”游戏为例介绍了动作游戏的编写过程，通过将动画和事件处理相结合，学习用 Python 实现交互处理的方法；第 2 部分（5 ~ 8 章）详细介绍了类、对象和方法等面向对象编程的基本工具，以及类的继承、聚合、多态、协议、重写等面向对象的功能，并用面向对象编程的方法完成“打砖块”游戏；第 3 部分（9 ~ 11 章）以“扫雷”游戏为例介绍了益智游戏的编写过程；第 4 部分（12 ~ 15 章）介绍了用 pygame（专门用来开发游戏的程序库）来编写游戏的方法，并在最后一章从零开始编写了一个完整的“打气球”游戏，让读者整体了解游戏的设计思路和实现方法。

《Python 趣味编程案例实战》示例代码丰富，内容循序渐进，非常适合想学习 Python 编程的大中专院校计算机相关专业学生学习，也适合作为自学 Python 游戏编程的参考书。

北京市版权局著作权合同登记号　图字：01-2023-0192
Original Japanese Language edition
PYTHON NI YORU PROGRAMMING
by Ikuo Kobayashi，Akira Sasaki

Chinese translation rights in simplified characters by arrangement with Ohmsha, Ltd. through Japan UNI Agency, Inc., Tokyo

---

图书在版编目（C I P）数据

Python趣味编程案例实战 / (日) 小林郁夫, (日) 佐佐木晃著 ; 段琼译. -- 北京 : 中国水利水电出版社, 2023.8

ISBN 978-7-5226-1519-6

I. ①P… II. ①小… ②佐… ③段… III. ①软件工具－程序设计 IV. ①TP311.561

中国国家版本馆CIP数据核字(2023)第082412号

书　　名	Python 趣味编程案例实战 Python QUWEI BIANCHENG ANLI SHIZHAN
作　　者	[日]小林郁夫　佐佐木晃　著
译　　者	段琼　译
出版发行	中国水利水电出版社 （北京市海淀区玉渊潭南路 1 号 D 座　100038） 网址：www.waterpub.com.cn E-mail：zhiboshangshu@163.com 电话：（010）62572966-2205/2266/2201（营销中心）
经　　售	北京科水图书销售有限公司 电话：（010）68545874、63202643 全国各地新华书店和相关出版物销售网点
排　　版	北京智博尚书文化传媒有限公司
印　　刷	北京富博印刷有限公司
规　　格	148 mm × 210 mm　32 开本　9.25 印张　320 千字
版　　次	2023 年 8 月第 1 版　2023 年 8 月第 1 次印刷
印　　数	0001—3000 册
定　　价	79.80 元

前　言

本书是以日本高校信息系大学一年级下学期的编程辅助教材为基础编写的。

编程学习通常会经过“入门 → 初级 → 中级 → 高级”这样几个阶段。在大一的下半学期，即使是在大学里第一次接触编程的学生，也已经对编程是什么以及如何写程序等编程的入门部分有了一个大概的了解。因此，本书将内容定位在“入门”的下一步——初级。既不是入门，也不是中级，而是初级，并以游戏制作这一休闲主题为中心进行讲解，当然有时可能也会涉及“初级”范围以外的“入门”和“中级”领域的内容。

比起理论，我们更注重实践，所以就带着“如果采取这种方法就能实现这样的目的”的想法组织了本书内容。因此，如果将其称为“教科书”的话，理论部分是否有点被轻视这个疑问一直到最后都没有消除。

只是，编程语言本身虽然是基于严格的定义而构成的，但是学习其使用方法和英语会话是一样的，特别重视“实用性”，作为一种实用技术来学习的特点很明显。这在企业对录用的程序员进行新人培训时非常重要。“不管用什么理论，总之让它先动起来！”这样的现场需求是经常存在的。我想这与英语会话中“语法上有点错误没关系，总之能准确表达出自己的意思最重要”的需求相似。考虑到这一点，本书省略了让读者觉得“难而麻烦”的要素，一切以应用、实用为主，对有些表达不够严谨的地方，则选择睁一只眼闭一只眼。

对于这种定位和追求，我们曾一度陷入矛盾和纠结，但是后来我们想通了，这本书的读者对象就是完成了“入门”阶段的信息系大学一年级下学期或者普通大学二年级的学生。放到职场来说，就是那些“在学校多少接触过一些编程，但没有自己编写过程序”的新人，这本书就是针对他们的培训教材。

因为本书跳过了入门阶段，所以对那些“有过其他语言编程经验，但是第一次接触 Python 的人”也能有所帮助就太好了。如果你想学习一门新的编程语言，但是不想每次都从零开始学习变量是什么、条件分支是什么等其他编程语言也共通的概念，而只想知道 Python 的写法，那么本书将是一个很好的选择。在“专栏”等处，我们也尽可能地列举了一些对这些人有帮助的知识点。

总之，本书力求让大家在实践中体验到“只要知道用哪个知识点，能做什么”就可以了。我们很高兴能帮到大家。

在撰写本书时，日本法政大学信息科学部的伊藤克亘老师从大学教材的角度提出了有益的建议，在此深表感谢。另外，该大学研究生院的桥场悠人和山能佑介二位先生在工作之余不仅检查了教材，还进行了程序的调试，真的帮了我们很大的忙，非常感谢他们。小林的朋友高见朗先生，在日本总务省统计局·统计研究研修所担任统计讲座的讲师，有成人教育经验，而且是符合我们设想的“有一些编程经验，但是第一次接触 Python”的目标读者，他仔细阅读并检查了每个细节，我们对他也深表谢意。最后，请允许我们对欧姆社的津久井靖彦先生表示深深的感谢，他对我们这两个晚辈作者给予了非常耐心的指导。

作　者

本书资源下载方法

（1）扫描下面的“读者交流圈”二维码，加入圈子即可获取本书资源的下载链接，本书的勘误等信息也会及时发布在交流圈中。

（2）也可以扫描“人人都是程序猿”公众号，关注后，输入 qwbc614 并发送到公众号后台，获取资源的下载链接。

（3）将获取的资源链接复制到浏览器的地址栏中，按 Enter 键，即可根据提示下载（只能通过计算机下载，手机不能下载）。

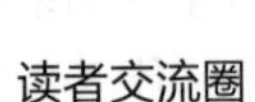

读者交流圈　　人人都是程序猿公众号

本书构成

第 1 部分　动作游戏的编写练习

在第 1 ~ 4 章中，以“打砖块”游戏为题材，以完成动作游戏为目标。在这里，我们将在复习 Python 的同时，从如何绘制静止图像开始学习动画处理的方法，这也是游戏的特色。此外，还将介绍如何实时接收和处理来自键盘和鼠标输入等事件的编程方法。

通过将动画和事件处理相结合，可以实现动作游戏的基础——实时交互处理，即在进行任何操作时，画面会实时反映变化。

第 2 部分　面向对象编程练习

在第 5 ~ 8 章中，学习使用面向对象机制进行编程，这也是现代编程语言中不可或缺的一部分。在编写复杂的程序时，用“模型”来表示该程序想要解决的问题。将模型重新编写成程序时，最方便的手段就是面向对象编程。

首先，学习面向对象编程的基本工具——类、对象和方法；然后依次学习面向对象的功能——类的继承、聚合、多态、协议、重写等，引入面向对象编程特有的设计方法；最后，通过面向对象编程完成第 1 部分中的“打砖块”游戏。

第 3 部分　益智游戏的编写练习

在第 9 ~ 11 章中，以“扫雷”游戏为题材，完成一款益智游戏的制作过程。在编写复杂程序时，将软件看作架构（建筑物）的方法很有用。在这里，我们将学习一个名为 MVC（模型-视图-控制器）的经典软件架构。另外，还将应用在离散数学中学习的图搜索算法来编写谜题性问题的程序。

第 4 部分　利用库编写游戏的练习

在第 12 ~ 15 章中，我们的目标是利用 pygame 来编写游戏。

到第 3 部分为止使用的都是 tkinter，tkinter 是一个用于交互式编程的通用 GUI 库，而第 4 部分使用的 pygame 是一个专门用来开发游戏的程序库。

使用适当的程序库可以将这些库中已有的功能结合起来，简单轻松地编写想要的程序。

此外，还介绍了在处理复杂程序时应该了解的“语言实现”的相关内容：变量的作用域、对象的实体和引用。

最后，作为本书知识的集大成者，完成了一个规模稍大的动作游戏。在这里，将从一无所有的零状态开始设计程序。准备游戏的需求设计说明书，以此为基础实现程序，期间请注意思考该游戏的实现方法和思路等。

附录

附录中总结了编程经验不足的人容易陷入的错误的原因和对策，其中涉及了课堂上每年都会重复出现的一些常见问题。

目　录

第 2 部分　面向对象编程练习

第3部分 益智游戏的编写练习

第4部分 利用库编写游戏的练习

第0章

什么是编程

本书的定位是“入门”的下一个阶段——“初级”。对于以前完全没有接触过编程的人来说，可能会突然出现一些闻所未闻、见所未见的词语，因此本章就以这样的想法为背景，列举了可能使用这个词的备用知识。

作为“入门篇的复习”，也是“初级篇的预习”，请大家快速读下去，大步跨过中间这个环节。

0.1 所谓编程

编程，到底需要做些什么呢？

编程是指为了让计算机按照人类的想法运行而编写命令。计算机与人类不同，不会接收模棱两可的指示。即使是所谓的 AI（artificial intelligence，人工智能），也未必能对预想之外的输入做出恰当的处理。一般的编程，都需要排除一切模糊性来进行逻辑构建。

作为编程入门，首先从让“Hello World!”（你好，世界！）显示在画面上开始。一旦能做到“在画面上显示内容”，就能显示计算机内部的状态了。在学习编程时，可以边写边通过显示处理过程中的经过等查看内部的状态，检查其是否按照我们的意图运行，所以这是非常重要的第一步。

在编程中，首先要学习哪些项目呢？作为基本要素，考虑有以下几点：

- 在画面上显示字符串。
- 定义变量，给该变量赋值。
- 用变量进行四则运算等计算处理。
- 显示变量的值。
- 使处理根据“条件”进行分支。
- 接收外部的输入，根据输入进行分支处理。
- 进行“循环处理”。
- 理解“语句块”等基本语法结构的写法。
- 用函数的形式定义重复执行的处理。

这些“第一步”是学习新语言的入门者首先必须理解的部分。因为不同的语言存在不同的固有写法，所以关于语法的基础知识会占据很大篇幅。如果用学习开车来比喻的话，这就像是从“踩油门加速”“踩刹车停车”“操作方向盘改变方向”等基本知识和操作开始学习一样。或者就像在学习英语的时候，与从日常寒暄、基础语法开始理解和学习是一样的道理。

那么，学完入门篇后会怎么样呢？如果是开车，学完入门篇马上就能开车上路了吗？如果是学习英语，学完入门篇，能用英语问路、在工作中下达指示，或者听懂并理解指示吗？

如果是开车，在接下来的阶段就需要记住交通规则、变更车道等。学习英语也一样，需要学习一些复杂的语法，记住一些情景下的惯用句。

在此，在考虑下一个目录之前，先考虑一下最终目标是什么。开车的最终目标是不是“不管什么地方，都可以自己开车安全前往”呢？学习英语的最终目标是不是“能完全听懂对方用英语讲的内容”或者“能用英语正确表达自己的想法”呢？

那么，学习编程的最终目标是什么呢？例如，可以考虑以下目标：

- 能够把想要程序实现的功能用程序的结构想象出来，并能编写程序。
- 在计算机执行特定处理时，能够说明内部在发生着什么。
- 能够估算出程序实现功能所需的计算机资源量。
- 能够预测实现特定功能需要多大的程序量。

这里出现的“资源”这个词，将在 0.5 节中进行详细介绍。也许还有更高的目标，但如果能达到这些目标，一般在编程上就不会有什么困难了。

但是，以学习英语为例，如果设立了“使用英语可以表达出任何内容”的目标，也许会起到激励作用，但如果目标过于不切实际，则会给自己的学习过程增添负担。

如果抱着“什么都要”的目标学习，只会越来越晕头转向。

因此，带着最终目标的意识，思考从入门篇开始接下来应该学习什么，也就是所谓的既要“仰望星空，又要脚踏实地”。

- 【大目标】能够把想要程序实现的功能用程序的结构想象出来，并能编写程序。
  - ➢ 尝试各种“状态”可以用程序的哪种结构来表现。
  - ➢ 尝试如何用程序映射现实世界（物理模型）。
- 【大目标】在计算机执行特定处理时，能够说明内部在发生着什么。
  - ➢ 研究并学习程序在计算机内部是如何表现的。
  - ➢ 尝试用各种不同的库实现这些处理，通过实现方法的不同加深对内部表现的理解。
- 【大目标】能够估算出程序实现功能所需的计算机资源量。
  - ➢ 尝试编写一个程序，观察它在处理大量数据时的表现。
  - ➢ 思考并尝试在不同的算法下，执行时间和内存使用量会如何变化。
- 【大目标】能够预测实现特定功能需要多大的程序量。
  - ➢ 试着编写一些不同种类的程序，积累经验。
  - ➢ 多了解并尝试一些库等支持语言的各种功能模块。

本书的定位是“入门”的下一个阶段。

入门之后就来到了“当提出想要实现某种功能时，如何实现该功能”这一部分。

“怎么编写程序使其实现某种功能”这个问题如果反过来看，便是“要实现某种功能，应该怎么编写程序”，这就需要学习不同语法的表达方式。为此，就像开车练习需要在各种各样的道路上行驶，在英语学习中需要掌握多种表达方式一样，接触大量例题是非常重要的。

本书将使用游戏作为例题的素材。作为更具实用性、目标更具体的素材，也可以考虑一些用特定的商务解决方案的逻辑构建的例题，但是那样一来，有学习兴趣的人就有限了。因此，本书选择了能让更多人感兴趣的素材。因为有一些想要介绍的概念，所以可能会强行将读者带入游戏世界，敬请谅解。

另外，本书还能让读者从实践中理解更高层次的知识。例如，第 13 章介绍的 deep copy、shallow copy 等程序，如果不知道，就有可能会误操作。关于“引用传递”和“值传递”等变量传递的方法，也是学习编程过程中必不可少的知识（将在第 13 章中介绍）。

下面有几道题，请用是/否来回答：

1. 编程语言是指计算机和人类都能理解的语言。
2. 在 Python 中，用大括号“{ }”括起来的部分称为语句块。
3. 在 Python 中，用缩进表现语句块。
4. 在 if 语句和 else 语句中，根据条件的不同，执行的部分也不同。
5. 在 for 语句中，执行重复处理，直到特定条件表达式为 true。
6. “你写的程序真像意大利面”，这是夸奖。

请立即回答这 6 道题，希望能回答正确 5 道题[①]。作为大致的判断方法，答对 3 题以下的人请在阅读本书之前先学习入门篇。

0.2 高级语言

Python 是编程语言，并且是一门高级语言。那么，什么是高级语言？低级语言是指机器语言等人类难以理解的语言。在人工语言中，比机器语言更接近人类使用的语言被称为高级语言。这里可以对比一下自然语言和

---

① 正确答案：1.是；2.否；3.是；4.是；5.否；6.否。
（第 2 题）用大括号来表达语句块的是 C、Java、PHP 等。
（第 5 题）直到特定表达式为 true 的是 while 语句。
（第 6 题）虽然这句台词有点儿开玩笑的意味，但“意大利面”的意思是：由于没有结构导致逻辑关系很难读懂，完全不知道哪里和哪里有关联，程序写得很差。

机器语言。

自然语言是人类使用的语言，如汉语、英语、日语等。虽然有语法规则，但即使表达得并不符合语法，只要听的人能理解，对话就达到了目的。像这样在人类之间的对话中使用的语言就是自然语言。

机器语言是一种最终被替换成二进制数 0 或 1，由 CPU 直接执行的程序。这个程序以这样的方式来进行处理：由 Windows 或 macOS 等操作系统读取可执行文件，并将其发送到 CPU，然后再将其输出到画面上或文件中。二进制（binary）表示虽然是一种机器语言，但是它是由二进制数或十六进制数组成的连续数字，一般来说，并不是人类容易读懂的语言。

为此，人类在描述机器语言时，为了能够以尽可能接近人类思维的形式进行描述，并且为了容易替换成计算机能够理解的机器语言，设计了人工语言。它就是被称为高级语言的编程语言。以前有 Fortran、COBOL、BASIC 等语言被广泛使用，后来又发明出来 C、C++、Java、PHP、Python、Ruby 等多种语言。

这些语言都为了能够以更接近人类的思维方式进行描述而下了很大功夫。同时，每次语言的规范被修改和更新时，都朝着能以更紧凑的程序表达来实现功能的方向发展。

0.3 编译器和解释器

将人工语言翻译成机器语言的工具（称为语言环境等）有两种——逐次执行的解释器和快速翻译并替换成机器语言的编译器。用编译器处理的机器语言程序通常都会通过链接器（链接编辑程序）转换成“可执行文件”。

编译器和解释器各有优缺点，见表 0.1。

表 0.1 编译器与解释器

项　目	解释器	编译器
执行速度	慢	快
错误	可以执行到报错的地方	只要有一个错误就不能执行
发布时的源文件	可读	不可读

从表 0.1 可以看出，解释器环境适用于边编写程序边测试运行，边确认结果边继续工作的情况。编译器环境适用于严格按照设计编写程序，一

边修改编译错误一边完成，不向他人展示源代码[1]，只让用户使用可执行程序的情况。适用于不向外部展示编程技术[2]、只提供完成的机器语言的商务型情况。

Python 有解释器环境，但如果使用 py2exe（Windows）或 py2app（macOS），也能按照执行环境编译并发布。

在解释器环境中，可以根据人类的思考速度进行多次修改、运行，最终完成程序，并将其编译后发布。

因为本书是以“读者正在学习的过程中”为前提，所以使用解释器环境。解释器环境的设置在第 1 章的实习课题 1.1 中进行。

0.4 面向对象

Python 的特点之一就是面向对象。

在面向对象编程中，与以单个数据为对象进行处理的传统编程不同，它会在程序开始部分先定义一些“对象”（可以理解为对象或物品），这些对象都是以若干数据为基础制作的。另外，这些对象具有什么样的属性值，或者对这些对象进行什么样的操作等，都要模糊地（抽象地）定义好，然后定义该“对象”的具体“实体”（实例）。

按照面向对象的思维方式，首先要确定“让对象做什么”。与其从外部“对数据（对象）进行处理”，不如让对象自身的实例主动“行动”。这种对象的动作描述被称为“方法”。

如图 0.1 所示，过程式语言（传统语言）对单个数据进行处理，因此数据与特定的处理没有关联。与此相对，面向对象的程序由事先定义的各个对象包含其数据（属性）和处理（方法）。作为整个程序，创建对象的实例，让实例本身处理数据（属性值），如图 0.2 所示。

在抽象定义“对象”时，还需要学习分层定义多个对象的思维方式。例如，“人”是“哺乳类”，是“动物”；“猫”也是“哺乳类”，是“动物”；“蜥蜴”是“爬行类”，是“动物”。它们作为“动物”具有一些共同特征，如有“眼睛”、有“嘴巴”等。另外，“吃”和“移动”等可以定义为“动物”的共同行为。而且，人和猫作为“哺乳类”，都有一个共同的性质，

---

[1] 人工编写的所谓的程序。

[2] 还有一种被称为逆向工程的方法，从机器语言逆向生成等效的源代码，从而知道源代码，因此无法完全隐藏技术诀窍。

那就是都是胎生而非卵生。将具有共同性质的事物定义为“共通”，有时会让思路变得流畅。在本书中，还讲解了如何活用面向对象的特点和思维方式来推进设计和编码。

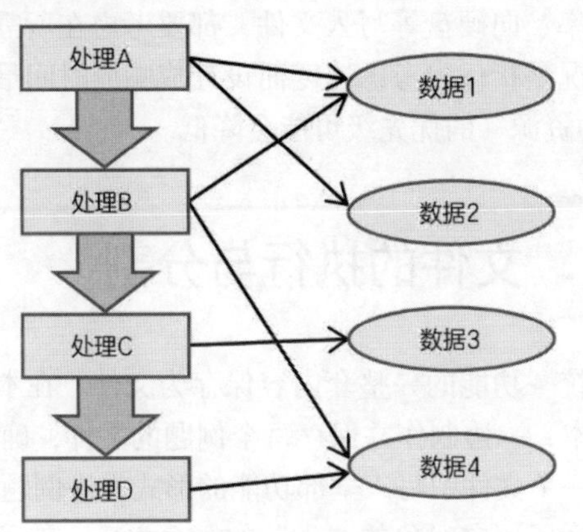

图 0.1　过程式语言的数据处理

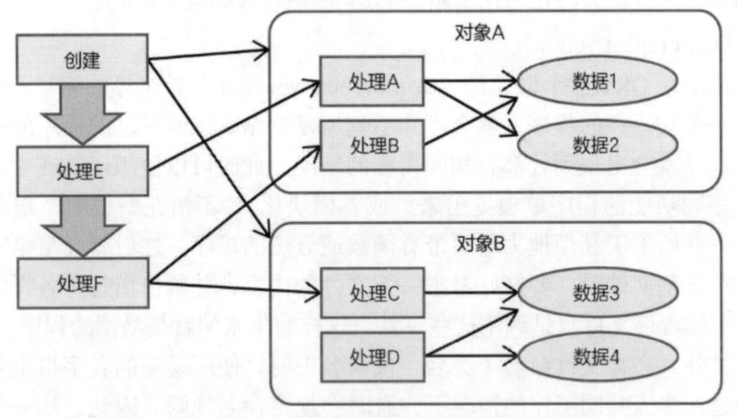

图 0.2　面向对象程序的数据处理

0.5　计算资源

学习编程的最终目标之一是“估算所需的计算机资源量”。

说到“珍惜资源”，大家大概会想到不要过度使用石油，不要污染水资源之类的，但是在计算机的世界里，“资源”指的是与计算机自身有关的东西，如内存容量、文件大小等计算机本身具有的性能的使用程度。

目前的计算机大多是多核（执行计算的主体部分）的，多个程序不是把核占满而是共享运行。核的占有率也被认为是计算资源之一。

在执行同一功能时，如果可以的话就不要浪费资源。原则上，使用的内存、核的占有率、向硬盘等写入文件，都要考虑在所需的最小限度内完成。非原则的情况是指优先考虑速度而设计成响应时间最短的情况。在这种情况下，“节约资源”的优先级可能会降低。

0.6 文件的执行与分割

程序将具有统一功能的一整套内容保存为文件。在本书的学习中，请一边输入程序文本，一边制作并保存每个例题的文件，确认执行结果。

首先，以在一个文件中写入全部功能的形式推进例题。

然后，在熟悉了面向对象的“类”的概念之后，就可以将类保存为独立的文件，并将其转化为便于重复利用[①]的组件（component）。

Don’t repeat yourself.

请记住 DRY 这个词，是“Don’t repeat yourself.”首字母的缩写。如果想写一个长一点的程序，就会不知不觉地复制粘贴以前写过的程序的一部分，这样就会出现到处都有相同内容的情况。此时可以使用函数或方法将具有相同功能的程序单独提出来，或者模块化，“不惜花费精力”很重要。如果一开始不厌其烦地去编写带有函数或方法的程序，之后就会事半功倍。

在分割文件时，要好好考虑一下文件的内容，并制作出各种各样的零件，主体程序文件只是调用这些零件，这样写出来的就是易读的程序。

另外，在为文件命名（类名、模块名）时，使用易懂的名字很重要。特别是在多人共同工作的情况下，有时会规定命名规则。因此，从一开始就要有意识地进行。

0.7 GUI 环境

GUI 是图形用户界面（graphical user interface）的缩写。在所谓的

① 重复利用可能性称为可复用性（reusability）。

Window 窗口[1]这样的图像显示区域中显示数据和菜单，在该画面上使用鼠标单击图标，或者在 Window 的文本输入区域中通过按键输入操作计算机。

现在一般使用的操作系统的界面几乎都是 GUI。

tkinter 是 Python 中可用的 GUI 模块[2]之一。本书中作为例题，还会介绍 turtle，在第 12 章以后会介绍 pygame 。

此外，Python 有一个称为 IDLE（integrated development and learning environment）的集成开发环境，它提供了学习用的 GUI 环境。本书中以使用 GUI 环境为前提，展示了与之匹配的程序。因此，省略了直接用命令行操作时所需的描述。只要注意了这一点，就算是习惯了命令行操作的人，不使用 IDLE 执行程序也完全没有问题。

确认可操作版本的组合有些麻烦。在尝试“最新版本”的组合时，还需要读者自己通过网络搜索等方式确认。关于 IDLE 和 pygame 等版本的组合，请读者自行调查，如果觉得麻烦，请按照本书所采用的版本组合学习[3]。

作为 Python 这门语言入门篇的下一步，希望各位读者通过本书能够学到如何运用面向对象的思维方式来“实现功能”的编程表现方法。

---

① Microsoft 公司的 Windows 操作系统上，每个应用程序或文件都显示 Window 让用户操作，但 Window 并不是 Microsoft 独有的。macOS 和 Linux 系统上也普遍使用 Window System。

② 在 Python 中，不叫作库，而是叫作模块，在 import 之后使用。不同的语言有不同的用法，有的是 include，有的是 require，有的是 use，很混乱，但在 Python 中是 import 。

③ 在少数情况下，如果模块的版本发生变化，操作结果也会发生变化。

第 1 部分

动作游戏的编写练习

第 1 章

Python 的执行环境

Python 是一门编程语言。在一般的安装 Windows 操作系统的个人计算机上，Python 的运行环境不是标准安装的。

为此，首先从在所使用的计算机上安装 Python 开始。为了确认是否已经安装成功，并能够执行以后的程序例题，设置了几个练习例题，读者可以在安装完成后挑战一下（编辑注，本书省略了 Python 编程环境的安装过程）。

1.1 Python 与 IDLE

实习课题 1.1 IDLE 的确认

如果是 Windows 系统，在 Windows 的开始菜单中（图 1.1）启动 Python 3.x。

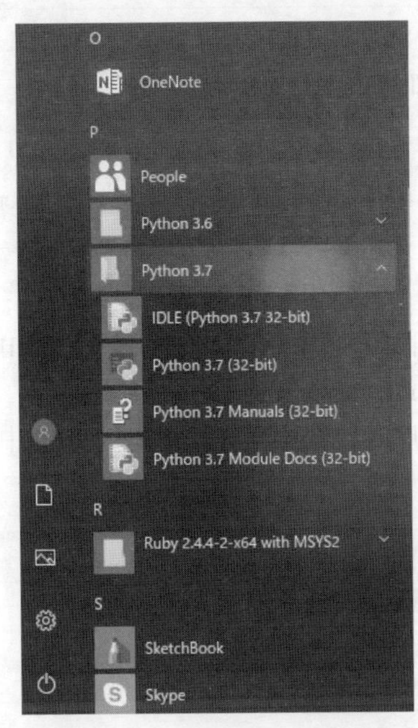

图 1.1 Windows 的开始菜单

在 Windows 环境中，开始菜单中如果有 Python 3.x 项目，就说明安装好了。在开始菜单中选择 IDLE 后，则显示 Python Shell 。如果显示了，就说明准备就绪了。

如果是在 macOS 环境中，则启动“终端”（图 1.2）；如果是在 Linux 环境中，则打开 Terminal（图 1.3）。

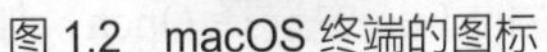
图 1.2 macOS 终端的图标

图 1.3 Linux 终端的图标

如果是在 macOS 环境或 Linux 环境中，在命令执行环境中输入：

```
> python --version
```

如果显示

```
Python 3.7.2
```

等，则表示 Python 安装完成。此外，本书假定运行环境在 Python 3.7 以上。同样，用小写命令输入：

```
> idle
```

如果显示 Python Shell，IDLE 就可以运行了。IDLE 启动后，会显示如图 1.4 所示的窗口。如果成功显示，就说明准备就绪。

```
Python 3.7.2 (v3.7.2:9a3ffc0492, Dec 24 2018, 02:44:43)
[Clang 6.0 (clang-600.0.57)] on darwin
Type "help", "copyright", "credits" or "license()" for more information.
>>>
```

图 1.4　IDLE 的弹出窗口

在 Windows 的开始菜单中是以大写字母显示的 IDLE，但是在命令行输入的时候是小写的 idle，这一点需要多加注意。

在新编写一个程序时，在 IDLE 菜单栏的 File 中选择 New File，如图 1.5 所示。

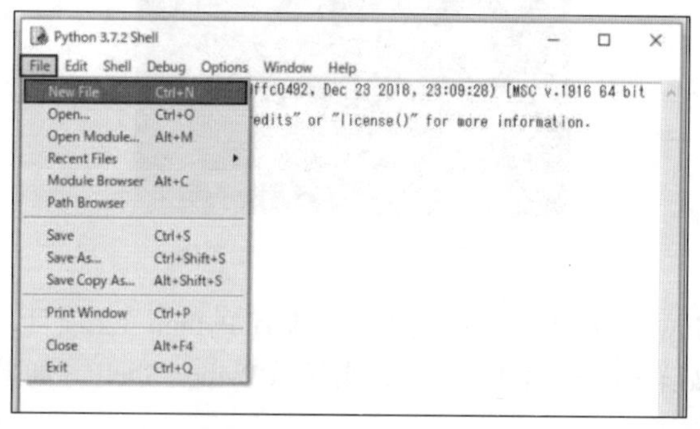

图 1.5　在 IDLE 中新建程序

然后就会打开如图 1.6 所示的编辑窗口。

可以在图 1.6 所示的菜单栏中单击 Run 执行程序。需要注意的是，Python Shell 中没有 Run 菜单，只有在打开程序文件的编辑窗口中才有 Run 菜单。

在打开已保存的文件时，在菜单栏的 File 中选择 Open，如图 1.7 所示。

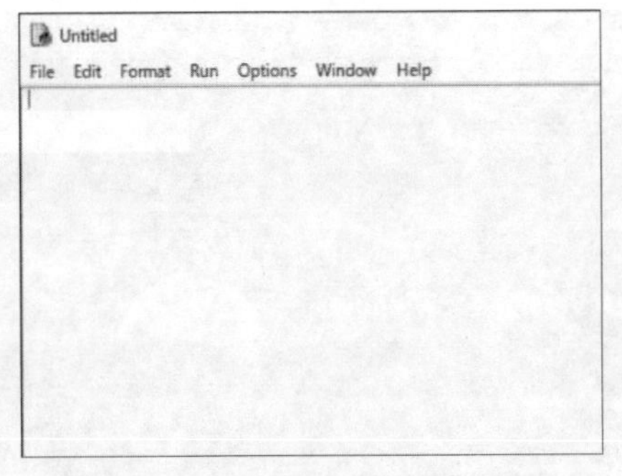

图 1.6　Python 程序文件的编辑窗口

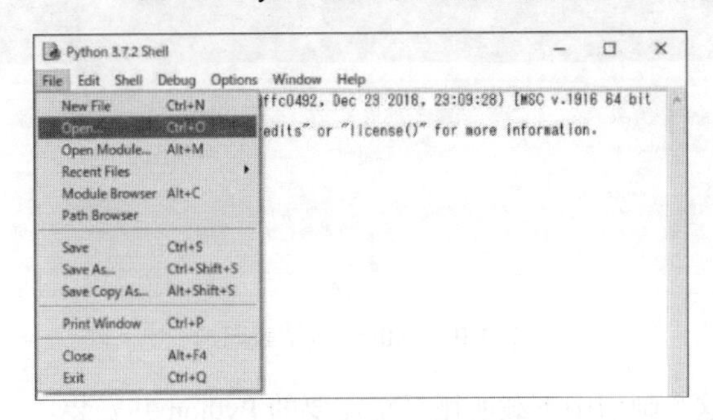

图 1.7　打开程序文件

接着会打开一个选择文件的对话框，从保存的目录中选择想要编辑的文件（图 1.8）。

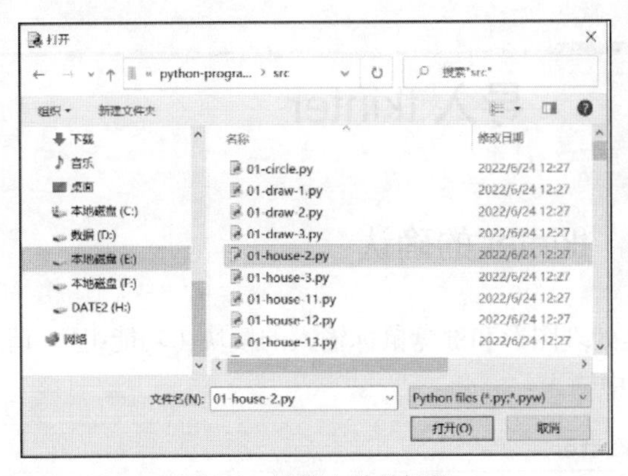

图 1.8　选择文件并打开

如果在 Windows 环境中的开始菜单中没有 Python，或者在 macOS、Linux 环境中无法执行 python 命令和 idle 命令，该怎么办呢?

可以从图 1.9 所示的网站（即 Python 官网）上下载 Python 的软件包。

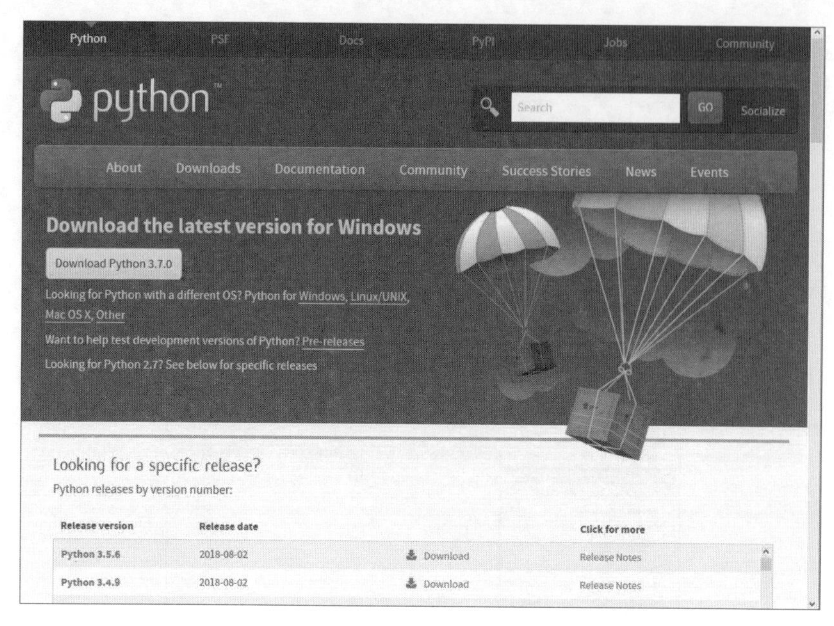

图 1.9　Python 的下载网站

可以从这个画面中下载所用系统需要的 Python 并安装。

编写本书时使用的是 Python 3.7.2。dataclass 模块在 Python 3.7 以后的版本才能使用。当遇到问题，通过搜索等方法也无法解决时，有时会采取降低 Python 版本的对策。

1.2　导入 tkinter

实习课题 1.2　tkinter 的确认

tkinter 是处理图形和键盘鼠标输入的模块（功能组）。请在图 1.4 所示的 IDLE 窗口中输入：

```
import tkinter
```

成功后将显示下一个接收输入的提示，如图 1.10 所示。

图 1.10　成功导入 tkinter

反之，如果 tkinter 不能导入（import），则会显示如图 1.11 所示的失败提示。

```
ImportError: No module named tkinter
```

```
>>> import tkinter

Traceback (most recent call last):
  File "<pyshell#1>", line 1, in <module>
    import tkinter
ImportError: No module named tkinter
>>>
```

图 1.11　导入 tkinter 失败

关于不能导入 tkinter 的解决办法，请参见错误图鉴 1 的内容。

一切准备就绪，下面让我们开始编程吧！

1.3　使用 tkinter

例题 1.1　程序试制（制作原型）

（1）使用 tkinter 的 Canvas 绘制如图 1.12 所示的“房子”。

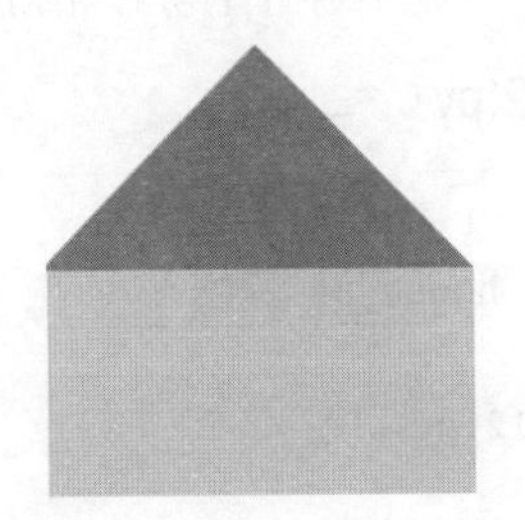

图 1.12　例题 1.1 “房子”

程序 1.1　01-house-11.py

```
1  # Python 游戏编程：第 1 章
2  # 例题 1.1 “房子”
3  # ------------------
4  # 程序名：01-house-11.py
5
6  from tkinter import *
```

```
7
8   tk=Tk()
9   canvas = Canvas(tk, width=500, height=400, bd=0)
10  canvas.pack()
11
12  canvas.create_polygon(100, 100, 0, 200, 200, 200,
13                        outline="red", fill="red")
14  canvas.create_rectangle(0, 200, 200, 300,
15                          outline="gray", fill="gray")
```

首先导入模块和初始化 Canvas，然后在各个函数中直接填写参数值，确认是否可以画图。

另外，要确认程序运行的步骤。启动 IDLE 的 Python Shell 确认显示“房子”的画面。前 4 行写了程序说明作为注释。把这些写下来，就会减少后面的困扰。

另外，虽然程序 1.1 中对各参数指定了具体的值，但是大家在实际操作时，请试着改变这些值，看看绘图会如何变化。以后的程序也是这样。

（2）画一些不同外观的房子并横向排列。

（a）首先，创建一个在 Canvas 上画房子的函数 draw_house_at，用它编写一个与程序 1.1 动作相同的程序。

程序 1.2　01-house-12.py

```
1   # Python 游戏编程：第 1 章
2   # 例题 1.1 创建 draw_house_at 函数
3   # ------------------
4   # 程序名：01-house-12.py
5
6   from tkinter import *
7
8   def draw_house_at(x, y, w, h, roof_color, wall_color):
9       rtop_x = x + w/2                    # 屋顶的 top x
10      wtop_y = y + h/2                    # 墙的 top y
11      bottom_x = x + w                    # 房子的 bottom x
12      bottom_y = y + h                    # 房子的 bottom y
13      # 用三角形画屋顶（指定三个点的坐标）
14      canvas.create_polygon(rtop_x, y,    # 顶点
15                            x, wtop_y,    # 左下
```

```
16                          x + w, wtop_y,      # 右下
17                          outline=roof_color, fill=roof_color)
18      # 用四边形画房子（指定左上和右下的坐标）
19      canvas.create_rectangle(x, wtop_y, bottom_x, bottom_y,
20                              outline=wall_color, fill=wall_color)
21
22  tk=Tk()
23  canvas = Canvas(tk, width=500, height=400, bd=0)
24  canvas.pack()
25
26  draw_house_at(0, 100, 200, 200, "red", "gray")
```

在这个程序[①]中，房子外墙的高度是到屋顶高度（height）的一半。

这里创建函数 draw_house_at，提取绘制房子所需的参数。绘制房子所需的参数被写成函数的参数。在这里，绘制“房子”的位置（x、y）、房子的宽和高（w、h）、屋顶的颜色（roof_color）和墙壁的颜色（wall_color）都是参数。根据这些值，计算绘制图形所需的参数，在函数中执行图形绘制。

定义了函数之后，要实现“在这里画出这样的房子”这样的一组动作，只需要调用一个函数就可以了。

（b）利用（a），并排画出 4 个相同外观的房子。

程序 1.3　01-house-13.py（仅变更部分）

```
x0 =  0
W = 100
H = 150
PAD = 10
for x in range(4):
draw_house_at(x0, 50, W, H, "red", "gray")
x0 += W + PAD
```

本书将以先编写出一个基础的小程序，再不断添加和修改的形式[②]逐渐接近目标程序。程序 1.3 中只记录了程序的修改部分，让我们好好想一想，需要修改程序 1.2 中的哪些部分呢?

大家已经学了 for 语句吧？在程序 1.3 中，将 x 的值依次设置为 range(4) 中（返回列表[0,1,2,3]）的元素，改变 x 值 x = 0、x = 1、x = 2、x = 3 ，执

① 按照编码规范，原则上在运算符前后需要加上空格。不过，本书中采用的形式是，四则运算中乘或除的常数部分不加空格。

② 如果没有特别说明，以上一次写的程序为基础。

行 4 次处理。

（c）如图 1.13 所示，并排画出具有不同外观的房子。设计可以各自调整。

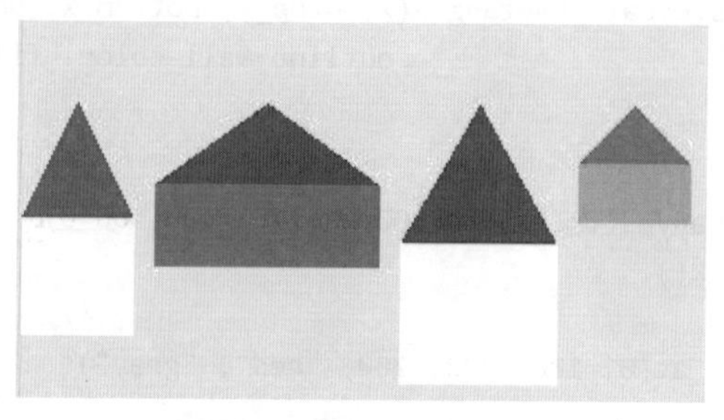

图 1.13　例题 1.1 “4 所房子”

程序 1.4　01-house-14.py（仅变更部分）

```
canvas = Canvas(tk, width=500, height=400, bd=0, bg="whitesmoke")
...

x = 0
y = 100
PAD = 10
draw_house_at(x, y, 50, 100, "green", "white")
x = x + 50 + PAD
draw_house_at(x, y, 100, 70, "blue", "gray")
x = x + 100 + PAD
draw_house_at(x, y, 70, 120, "blue", "white")
x = x + 70 + PAD
draw_house_at(x, y, 50, 50, "red", "orange")
```

想要摆一排这样的房子，看看能不能画出跟我们想象中一样的东西。先改变参数，然后反复调用函数。

例题 1.2　处理的抽象化

（1）能够做到以房子的高、宽、屋顶颜色、墙壁颜色这 4 个属性给房子建模，利用 Python 的数据类（@dataclass）创建对象。从现在开始把根据这种方法创建的对象称为“房子对象”。

此处出现了“建模”这个词。关于建模，请参见本章章末的专栏“模型与建模”。关于@dataclass 将在第 5 章详细说明，此处只看例题并记住使用方法即可。

程序 1.5 01-house-2.py（仅变更部分）

```
# Python 游戏编程：第 1 章
# 例题 1.2 “房子”的抽象化
# -------------------
# 程序名：01-house-2.py

from tkinter import *
from dataclasses import dataclass

@dataclass
class House:
    w: int
    h: int
    roof_color: str
    wall_color: str

house = House(200, 200, "red", "gray")
print(house)
```

（2）创建 draw_house 函数，在 Canvas 上画房子对象。

程序 1.6 01-house-2.py（变更方法的概要）

```
from tkinter import *
from dataclasses import dataclass

@dataclass
class House:
    # 与程序 1.5 相同


def draw_house_at(x, y, w, h, roof_color, wall_color):
    # 与程序 1.2 相同


def draw_house(house, x, y):
    w = house.w
    h = house.h
    roof_color = house.roof_color
    wall_color = house.wall_color
    draw_house_at(x, y, w, h, roof_color, wall_color)

tk=Tk()
canvas = Canvas(tk, width=500, height=400, bd=0)
canvas.pack()
```

```
house = House(200, 200, "red", "gray")
print(house)
draw_house(house, 0, 100)
```

draw_house_at 函数使用的是与程序 1.2 相同的函数，是一个“在这里画这样的房子”的函数。class House 与程序 1.5 所示的是同一个。把它们套用在一起去“填空”。请确认最终能画出与图 1.12 相同的房子。

在这里，用 house 这一“每个房子”把表示“房子”的对象（房子对象）给具体化了。在具体化的过程中，class House 的声明用来给房子对象设置具体的值并创建“每个房子”，在这个声明中生成房子，函数 draw_house 表示“在这里画房子”，函数 draw_house_at 表示“在这里画这样的房子”，把函数 draw_house 覆盖到[①]函数 draw_house_at 上，起到了抽象的“房子对象”和具体的“每个房子”之间的桥梁作用。

与单纯地把四边形和三角形组合起来画房子相比，你会觉得这个例题的方法太复杂吗？但是，如果像这样以“对象”为单位进行数据交互，编程会变得很轻松。请大家慢慢习惯起来。

在从房子对象的具体的 house 中提取 roof_color 这一属性值时，要像 house.roof_color 这样，使用“.”（点）进行连接。

例题 1.3 列表化

考虑表 1.1 所列的 4 所“房子”。

（1）利用房子对象和 Python 的列表，用 Python 程序表现“4 所房子”。

表 1.1 4 所房子

属性	房子 1	房子 2	房子 3	房子 4
宽	50	100	70	50
高	100	70	120	50
颜色（屋顶）	"green"	"blue"	"blue"	"red"
颜色（墙壁）	"white"	"gray"	"white"	"orange"

① “覆盖”就是 wrapping、进行 wrap（封装）等，是指通过“定义调用函数的函数”等操作“将抽象的东西变得更具体”。在这里，从统一的参数（house）中提取内部参数（house.roof_color 等），为了在主程序中只使用更少的参数，对其进行了封装。

程序 1.7 01-house-3.py（变更部分）

```
@dataclass
class House:
  # 与程序 1.5 相同

houses = [
    House(50, 100, "green", "white"),
    House(100, 70, "blue", "gray"),
    House(70, 120, "blue", "white"),
    House(50, 50, "red", "orange"),
    ]

for house in houses:
    print(house)
```

这里还没有画。请确认程序的列表中已设置好房子的参数。

（2）制作出在 Canvas 上显示（1）的“4 所房子”的程序。

程序 1.8 01-house-3.py（变更方法的概要）

```
from tkinter import *

def draw_house_at(x, y, w, h, roof_color, wall_color):
    # 与程序 1.2 相同

def draw_house(house, x, y):
    # 与程序 1.6 相同

tk=Tk()
canvas = Canvas(tk, width=500, height=400, bd=0, bg="whitesmoke")
canvas.pack()

houses = [
    House(50, 100, "green", "white"),
    House(100, 70, "blue", "gray"),
    House(70, 120, "blue", "white"),
    House(50, 50, "red", "orange"),
    ]

x = 0
y = 100
PAD = 10
for house in houses:
```

```
    draw_house(house, x, y)
    x += house.w + PAD
```

现在，请确认能画出与图 1.13 相同的房子。

你学会了什么？ 可以以最少的修改添加新的房子，或者改变房子的参数。而且，因为定义集中在一处，所以修改起来很轻松。

练习题 1.1 绘制不同外观的“车”

（1）使用 tkinter 的 Canvas 画一个如图 1.14 所示的“汽车”（以下称为“车”）。设计可以修改。

（文件名：ex01-car-1.py）

（2）考虑并排画几个不同外观的车。

（a）创建在 Canvas 上画车的函数 draw_car_at，用这个函数编写与（1）相同的动作的程序。

（b）使用（a）创建的函数，并排显示相同外观的 4 辆车。

（c）并排画出 4 辆不同外观的车，如图 1.15 所示。

（文件名：ex01-car-2.py）

图 1.14　练习题 1.1（1）“车”

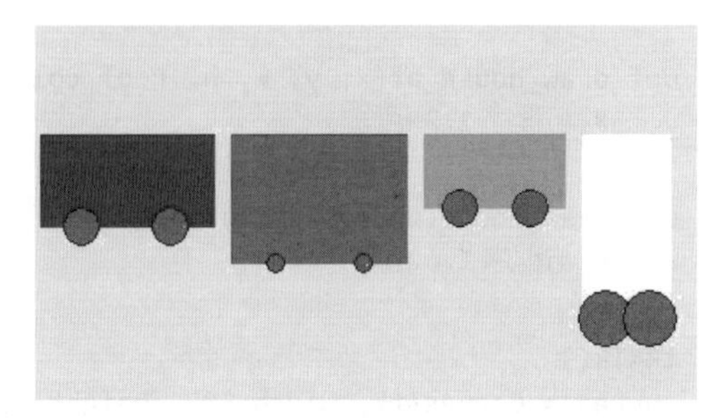

图 1.15　练习题 1.1（2）“4 辆车”

（3）考虑用全长（length）、高（height）、车轮直径（wd）、车身颜色（body_ color）、轮胎颜色（wheel_color）这 5 个属性对汽车进行建模。要做到能够用@dataclass 创建对象。接下来将使用此方法创建的对象称为“车对象”。

（a）创建一个在 Canvas 上画车对象的函数 draw_car 。

（b）考虑画 4 辆车。使用车对象和 Python 的列表，用 Python 程序表现“4 辆车”。

（c）制作在 Canvas 上显示（b）的“4 辆车”的程序。

（文件名：ex01-car-3.py）

1.4 数学公式的表达

到现在为止，我们练习了图形的绘制，现在就来挑战一下数学图表的绘制。

例题 1.4 图表绘制

（1）假设 $f(x)=x$，在 Canvas 上画出 $y=f(x)$（$0 \leqslant x \leqslant 800$）的各点。

程序 1.9 01-draw-1.py

```
1   # Python 游戏编程：第 1 章
2   # 例题 1-4 (1) y = x 的绘图
3   # ------------------
4   # 程序名：01-draw-1.py
5
6   from tkinter import *
7   import math
8
9   def draw_point(x, y, r=1, c="black"):
10      canvas.create_oval(x - r, y - r, x + r, y + r,
11                               fill=c, outline=c)
12
13  def f(x):
14      return x
15
16  tk = Tk()
17  canvas = Canvas(tk, width=1000, height=800, bd=0)
18  canvas.pack()
19
20  for x in range(0, 800):
21      draw_point(x, f(x))
```

输出结果如图 1.16 所示。在这里，导入了 math 模块。

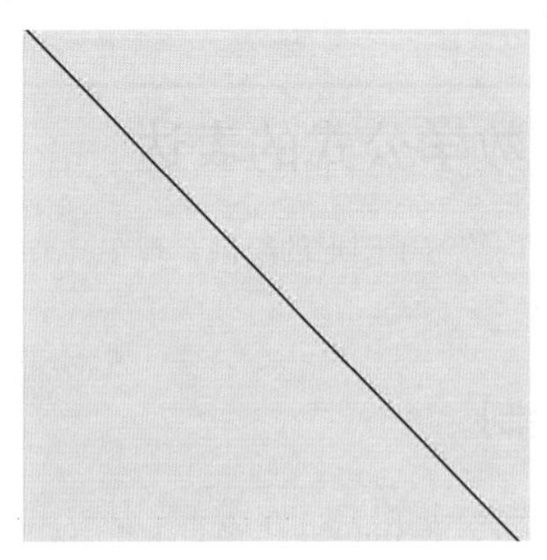

图 1.16　例题 1.4（1）　直线图表

导入 tkinter 模块时的写法如下：

```
from tkinter import *
```

通过“inport 模块名”，就可以在这个程序中使用外部模块中定义的类等内容，这叫作模块的导入。

此时，通过“模块名.函数名”的写法，就可以使用导入的模块中定义的函数。在例题 1.4 中，因为不涉及需要 math 模块的函数，所以可以省略 import 语句，但是当在后面的例题和练习题中使用时就需要这个语句了。

（2）与（1）一样，$f(x)=xx$，绘制图表并观察一下输出结果。

程序 1.10　01-draw2.py（变更方法的概要）

```
# 只改函数 f 即可
def f(x):
    return x * x
```

这里有一点必须注意，请看图 1.16，一般情况下，函数的图表的 y 轴向上是正方向（越向上值越大），但是在 tkinter 中，y 轴的值是越向下越大。

（3）在 Canvas 上显示函数 $f(x)=x^2$（$-5\leqslant x\leqslant 5$），同时显示 x 轴和 y 轴。

程序 1.11　01-draw-3.py

```
1  # Python 游戏编程：第 1 章
2  # 例题 1-4 (3) y = x^2 的绘图
3  # ------------------
4  # 程序名：01-draw-3.py
5
6  from tkinter import *
```

```
7   import math
8
9   OX = 400                    # (OX, OY)是画布上原点的位置
10  OY = 500
11  MAX_X = 800                 # 坐标轴的最大值（画布坐标）
12  MAX_Y = 600
13  SCALE_X = 80                # 转换成画布坐标的转换系数
14  SCALE_Y = 80
15
16  START = -5.0
17  END = 5.0
18  DELTA = 0.01
19
20  def draw_point(x, y, r=1, c="black"):
21      canvas.create_oval(x - r, y - r, x + r, y + r,
22                         fill=c, outline=c)
23
24  def make_axes(ox, oy, width, height):
25      canvas.create_line(0, oy, width, oy)
26      canvas.create_line(ox, 0, ox, height)
27
28  def plot(x, y):
29  draw_point(SCALE_X * x + OX, OY - SCALE_Y * y)
30
31  def f(x):
32  return x * x
33
34  tk = Tk()
35  canvas = Canvas(tk, width=MAX_X, height=MAX_Y, bd=0)
36  canvas.pack()
37
38  make_axes(OX, OY, MAX_X, MAX_Y)
39
40  x = START
41  while x < END:
42      plot(x, f(x))
43      x = x + DELTA
```

输出结果如图 1.17 所示。

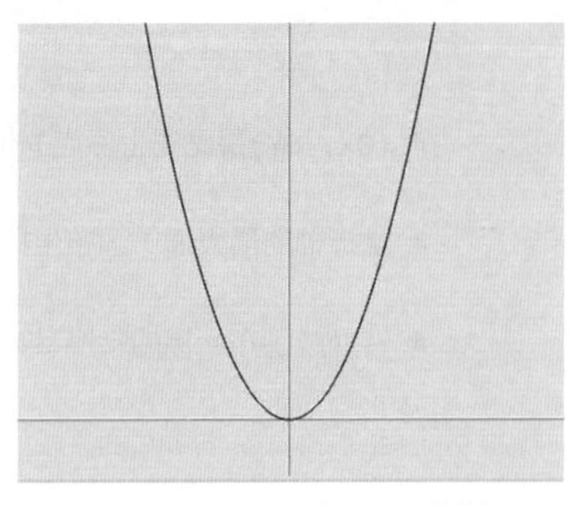

图 1.17　例题 1.4（3） 抛物线图表

例题 1.5　利用中间变量

在 Canvas 上显示圆 $x^2 + y^2 = 1$。

程序 1.12　01–circle.py

```
1   # Python 游戏编程：第 1 章
2   # 例题 1-5 x^2 + y^2 = 1 圆的绘制
3   # ------------------
4   # 程序名：01-circle.py
5
6   from tkinter import *
7   import math
8
9   OX = 400                  # (OX, OY)是画布上原点的位置
10  OY = 300
11  MAX_X = 800               # 坐标轴的最大值（画布坐标）
12  MAX_Y = 600
13  SCALE_X = 100
14  SCALE_Y = 100
15
16  START = 0
17  END = 2 * math.pi
18  DELTA = 0.01
19
20  def draw_point(x, y, r=1, c="black"):
21      canvas.create_oval(x - r, y - r, x + r, y + r, fill=c, outline=c)
22
23  def make_axes(ox, oy, width, height):
24      canvas.create_line(0, oy, width, oy)
```

```
25        canvas.create_line(ox, 0, ox, height)
26
27    def plot(x, y, r=1, c="black"):
28        draw_point(SCALE_X * x + OX, OY - SCALE_Y * y, r, c)
29
30    def f1(x):
31        return math.cos(x)
32
33    def f2(x):
34        return math.sin(x)
35
36    tk = Tk()
37    canvas = Canvas(tk, width=800, height=600, bd=0)
38    canvas.pack()
39
40    make_axes(OX, OY, MAX_X, MAX_Y)
41
42    theta = START
43    while theta < END:
44        plot(f1(theta), f2(theta))
45        t heta = theta + DELTA
```

在画圆的时候，利用 x 和 y 是 $x=\cos\theta$、$y=\sin\theta$（$0\leqslant\theta<2\pi$）的关系，不改变 x，而改变 θ 来表现。

输出结果如图 1.18 所示。

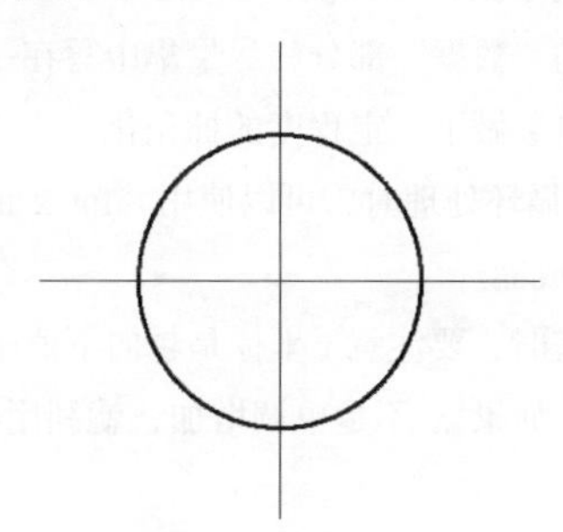

图 1.18　例题 1.5　圆

练习题 1.2　绘制函数的图表

在以下程序中，x 轴、y 轴也要简单明了地显示出来。

（1）把函数 $f(x)=x^3+x^2+x+1$（$-2.0\leqslant x<2.0$）的图表显示到 Canvas 上。

（文件名：ex01-cubic.py）

（2）把函数 $f(x) = \sin x$（$0 \leqslant x < 4\pi$）的图表显示到 Canvas 上。圆周率、$\sin x$ 和 $\cos x$ 的值要利用 math 标准模块。

（文件名：ex01-sin.py）

练习题 1.3 画椭圆

把圆 $x^2 + y^2 = 1$ 及椭圆 $4x^2 + \frac{y^2}{4} = 1$ 的图表同时显示到 Canvas 上并改变两个图形的颜色。

（文件名：ex01-ellipses.py）

1.5 总结 / 检查清单

总结

1．当你想要制作某样东西时，首先要试着编写绘制和计算的基础部分的程序（制作原型）。

2．思考使用什么样的参数，怎样使用该参数，写出具有“一个功能”的函数。

3．程序中进行处理的“数据”部分，尽量集中写在一起。

4．确认描述程序的对象做了一定程度的抽象化。

5．当用 for 循环进行循环处理时，可以使用“for x in 生成器(range):”语句。还可以编写程序来代替生成器。

6．当用 tkinter 画图表时，要注意 y 坐标是越向下值越大。

7．在画图表的时候，如果 x 不是单调增加，就利用数学思维，使用中间变量。

检查清单

- 知道当前使用的 Python 是什么版本吗？
- 记住用 tkinter 绘制图表的步骤了吗？
- 在保存编写出来的程序时能恰当地命名吗？
- 在程序中加了简单易懂的注释吗？
- 在 Python 中，用缩进来表示语句块，习惯这种做法了吗？

- 与C、Java和PHP等语言不同，Python语言在语句末不写“;”（分号），记住了吗？
- 在函数定义或以 for 语句开头的语句块处，行末用“:”（冒号），记住了吗？
- 列表的定义方法（houses）及列表中内容的提取方法，都会了吗？
- 在后述的编码规范中，缩进采用每一段空 4 个字符。本书中统一使用这种写法。

专栏

模型与建模

“模型”“建模”等词被广泛应用于各种领域。为了探究它们的含义，下面来看几个例子。

例 1：“这个开发企划基于什么样的商业模型？”

在开展业务时（卖东西、公司等获得利益、员工收到工资……这样一系列过程），表示“客户会买什么？”“业务能否持续开展”等一系列“业务战略”和“收益结构”的用语。网络服务和免费的游戏 App 等层出不穷，其成功的商业模型多种多样，如可以通过“广告”获得收益，也可以通过游戏内的收费获得收益。

例 2：“要做新型跑车的风洞实验模拟，能不能建模？”

对于汽车和飞机等在空气中高速移动的交通工具来说，空气阻力越小，就越省燃料。现实中的风洞实验价格比较高，如果能在计算机上模拟就会便宜很多。但是，要实施模拟，就需要用“模型”来进行数值计算。这里的“模型”是指微分方程等公式，以及将“新型跑车”应用于方程式的“数值化表示”。例题 1.2 中写到了“建模”，这里所说的“建模”可能最接近模拟和统计分析中的“数值化表示”。

例 3：“我长大了想要当 model。”

让我们也来思考一下这种说法。时装模特等的 model，符合英语原本的“范本、模范”的意思吗？也就是说，怎样穿“服装”，怎样穿才会看起来有时尚感，这就是在表示其“模范”这一特性。

模型（model）有“范本、模范”的意思，也有“型、模型”的意思。这个例子也许是前者意思的典型用法。

从这些例子来看，编程中的建模，可以认为是对计算机世界的“范本”和“模型”进行定义的工作。

第2章

动画的引入

我们想要一种编写计算机程序的真实感，虽然画了“房子”和“车”，但充其量也只是简单图形的组合。因此想要一些带有动画的程序。

那么，现在就让我们引入动画吧。这次虽然仍是简单的图形，但如果能做到“动起来”，“能做”的范围就会逐渐扩大。接下来就挑战一下带有“动画”的编程吧。

2.1 打砖块游戏

本书中，将在制作游戏的同时学习编程。第一个游戏题材是“打砖块游戏”（图 2.1）。这款游戏用推杆（长方形的反弹板）将飞行的球弹回，让球击中并排的砖块，同时避免没接到球而漏到推杆后面（下面）。如果球撞到砖块，砖块就被消除，保持球不漏接直到消除最后一个砖块，游戏就通关了。

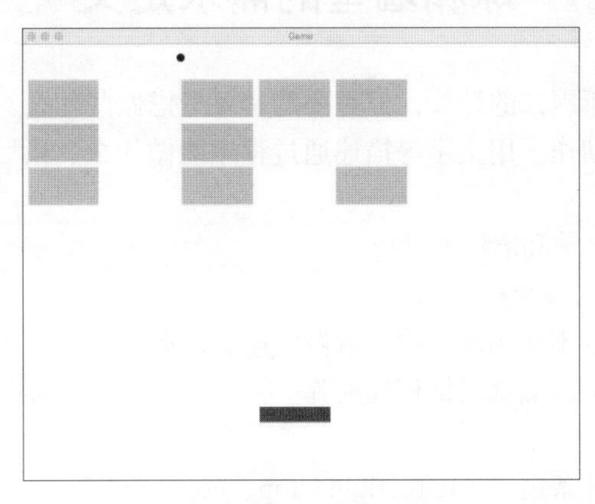

图 2.1　打砖块游戏

虽然是个简单的游戏，但只要花点心思，也能获得一定程度的乐趣。本章要学习的只是整个游戏中的如下基本要素：

1. 移动球。
2. 用墙壁或推杆让球反弹。

首先，要学会如何绘制动作，让其成为一个基本的“游戏”。

在下一章中，将加入画砖块、使用键盘操作移动推杆、消除砖块等处理以及游戏结束、游戏通关等判断处理。最终考虑如下安排：

来挑战一下看看自己能做到什么程度吧。

1. 根据推杆的位置改变反弹的角度。
2. 显示成绩。
3. 道具和敌人等从上面掉下来。
4. 根据条件设置奖励点等。
5. 逐渐提高球速。
6. 逐渐缩短推杆长度。

7. 球也能打到砖块的背面[1]。
8. 摆放 2 行以上的砖块。
9. 设置砖块的硬度。
10. 同时飞多个球。
11. 带音效。

还可以尝试一下自己想到的其他功能。

2.2 球和墙壁的需求定义

虽然是众所周知的游戏，但重要的是要考虑做些什么、怎么做，以及整理好程序的动作。用文字等描述通过程序能做什么、让程序做什么，就叫作需求定义。

这里只考虑球和墙壁的性质。

- 球。
  - 只要不碰到障碍物，就做匀速直线运动。
  - 一碰到墙壁或推杆就反弹。
- 墙壁。
  - 有 4 条边界（left、right、top、bottom）[2]。
  - 不动。
  - 当球撞上去时，顶回去。

球“反弹”，墙壁“顶回”，虽然两者看起来是一回事，但在实现[3]时，“谁、如何、做什么”这几点很重要。

例题 2.1 动画的编程

考虑利用 Canvas，并用动画表现球（pack）的运动。

制作一个球向右移动的动画（图 2.2）。

---

① 当侧面的砖块消失，球到达上方的墙壁，从上方反弹会击打到砖块的背面。

② 如果 left、right 等词还有其他定义容易混淆，有时也使用 west、east、north、south 等来定义。

③ 有时候，“实现”不是指编写设计阶段的文档，而是指实际编写程序，这里就是指后者。另外，也有安装的意思。

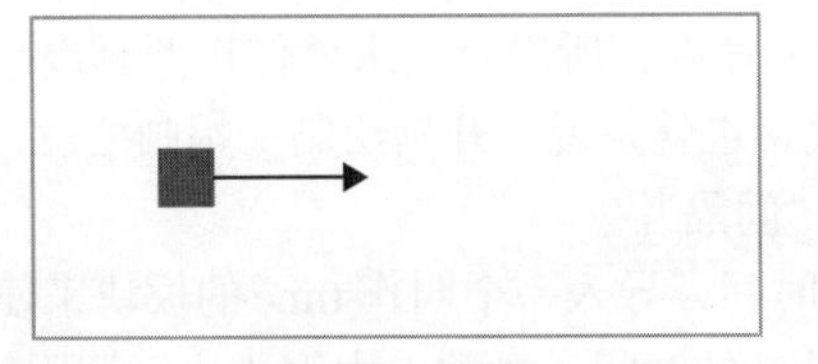

图 2.2　移动球

程序 2.1　02-ball-1.py

```
1   # Python 游戏编程：第 2 章
2   # 例题 2.1 动画的编程
3   # ------------------
4   # 程序名：02-ball-1.py
5
6   from tkinter import *
7   import time
8
9   DURATION = 0.001        # sleep 时间 = 绘制的间隔
10  X_RIGHT = 400           # X 的最大值
11  X = 0                   # 球的 X 初始值
12  Y = 100                 # 球的 Y 初始值
13  D = 10                  # 球的直径
14
15  tk = Tk()
16  canvas = Canvas(tk, width=600, height=400, bd=0)
17  canvas.pack()
18  tk.update()
19
20  id = canvas.create_rectangle(X, Y, X + D, Y + D,
21                             fill="darkblue", outline="black")
22          # 绘制方块，取得其 id（标识符）
23  for x in range(X, X_RIGHT):
24      canvas.coords(id, x, Y, x + D, Y + D)     # 设置“新坐标”
25      tk.update()                      # 将绘图反映到画面上
26      time.sleep(DURATION)             # 一直 sleep，直到下一次绘制
```

在动画的编程中，需要对时间进行管理。

例如，电视播放的画面看起来是动的，实际上是每秒更换 30 次[①]静止图片。在连续的图片中，有运动的部分会“一点点”地移动，但由于人类

① 如果是日本和美国采用的 NTSC 制式，是每秒 30 帧，电影是每秒 24 帧。高清和超高清制式分别是每秒 60 帧、每秒 120 帧。

的眼睛跟不上变化的速度，所以看起来就像按照翻漫画一样的原理在运动。每秒重新绘制 30 次，也就是说，开始绘制一幅画之后，到绘制下一幅画为止，有 0.033 秒的“间隔”。

这里为了管理时间，导入一个叫作 time 的模块来使用。使用 time 模块的 sleep 函数，在设定的时间（秒数）内停止执行调用的线程①。

只是，绘制要花一定的时间，实际上，sleep 函数设定的秒数加上绘制所需的时间就是帧与帧之间的间隔。

接下来，“一点点”地移动的部分应该怎么做呢?

第 1 章中在绘制“静止图片”时，使用了 create_rectangle 和 create_oval 等函数。使用这些函数绘制出来的图形，在绘制后能够改变属性和坐标等，因此返回标识符（identifier，这里是 id）②来表示分别是哪个图形。然后接收该标识符，在“移动”时使用。使用 coords 函数可以改变已经绘制好的图形的坐标。

另外，在图形化游戏的开发中，有些开发环境只需要提供图形就可以了，但本书的目的是学习编程，所以对于细节的处理读者应试着深刻理解。

例题 2.2　墙壁的引入

摆放墙壁，如果球碰到右侧墙壁，就弹回来（图 2.3）。

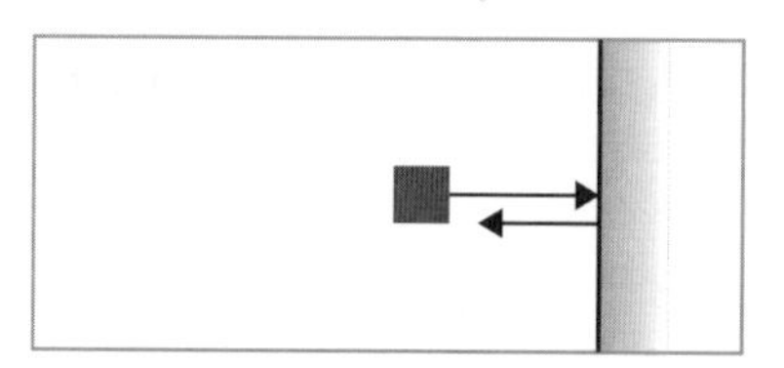

图 2.3　碰到墙壁弹回

程序 2.2　02-ball-2.py

```
1  # Python 游戏编程：第 2 章
2  # 例题 2.2 墙壁的引入
3  # ------------------
4  # 程序名：02-ball-2.py
```

① 在计算机内部进行处理的执行单位之一。在本章中，比起详细的定义，首先要熟悉词语。

② 这里的标识符是分配给每个图形的编号。另外，有一个系统自带的函数也叫作 id，所以 id 这个名称一般不用于变量名等。本书中以易懂为优先，因此使用了这个名称。

```
5
6   from tkinter import *
7   import time
8
9   DURATION = 0.001                # sleep 时间 = 绘制的间隔
10  STEPS = 600                     # 球的重写次数
11  Y = 200                         # 球的 Y 初始值
12  D = 10                          # 球的直径
13
14  # 定义绘制墙壁的函数
15  def make_walls(ox, oy, width, height):
16      canvas.create_rectangle(ox, oy, ox + width, oy + height)
17
18  tk = Tk()
19  canvas = Canvas(tk, width=800, height=600, bd=0)
20  canvas.pack()
21  tk.update()
22
23  x = 150                         # 球的 X 初始值
24  vx = 2                          # 球的移动量
25
26  make_walls(100, 100, 600, 400) # 实际上在这里绘制墙壁
27  id = canvas.create_rectangle(x, Y, x + D, Y + D,
28                              fill="darkblue", outline="black")
29          # 绘制方块（球），取得其 id（标识符）
30  for s in range(STEPS):
31      x = x + vx                  # 改变 x 坐标的值
32      if x + D >= 700:
33      # 如果球的右端超过 700
34        vx = -vx                  # 调转方向
35      canvas.coords(id, x, Y, x + D, Y + D)     # 设置新的坐标
36      tk.update()                 # 将绘图反映到画面上
37      time.sleep(DURATION)        # 一直 sleep，直到下一次绘制
```

请注意 for 语句的循环变量发生了变化。在程序 2.1 中直接改变了 x，但在程序 2.2 中是改变时间 s，x 的变化量用 vx。vx 的值变为负数时，x 变小，即球向左移动。

在这个例子中还画了墙壁，以便于理解“反弹位置”。为此，定义了一个称为 make_walls 的函数。函数的定义放在程序的起始部分。这里放在了 Canvas 初始化的后面，在代入球相关的各种参数之后调用。

tk.update()用于重新绘制画面。如果没有该语句，for 循环结束之前都

不会重新绘制画面。

例题 2.3 球和墙壁的建模

考虑将“球”表现为具有以下属性的对象。

- id：管理编号。
- x：位置（x 坐标）。
- y：位置（y 坐标）。
- d：直径。
- c：颜色。

在下文中，位置表示正方形的左上角。

（1）要做到能够使用 Python 的 @dataclass 定义球。然后，与例题 2.1 一样，制作球向右移动的动画。

程序 2.3 02-ball-3.py

```
1  # Python 游戏编程：第 2 章
2  # 例题 2.3 球和墙壁的建模
3  # (1) 动画
4  # ------------------
5  # 程序名：02-ball-3.py
6
7  from tkinter import *
8  from dataclasses import dataclass
9  import time
10
11 DURATION= 0.001        # sleep 时间 = 绘制的间隔
12 X = 0                  # 球的 X 初始值
13 Y = 100                # 球的 Y 初始值
14 D = 10                 # 球的直径
15
16 @dataclass
17 class Ball:
18     id: int
19     x: int
20     y: int
21     d: int
22     c: str
23
24 # 直径 d 若省略则为 3，颜色 c 若省略则为 "black"
```

```
25  def make_ball(x, y, d=3, c="black"):
26      id = canvas.create_rectangle(x, y, x + d, y + d,
27                                   fill=c, outline=c)
28      return Ball(id, x, y, d, c)
29
30  # 一个重画球的函数，封装了 coords
31  def redraw_ball(ball):
32      d = ball.d
33      canvas.coords(ball.id, ball.x, ball.y,
34                    ball.x + d, ball.y + d)
35
36  tk = Tk()
37  canvas = Canvas(tk, width=800, height=600, bd=0)
38  canvas.pack()
39  tk.update()
40
41  ball = make_ball(X, Y, D, "darkblue") # 生成实际的球
42
43  for p in range(0, 600, 2):           # 改变中间变量 p
44      ball.x = p                       # 在球的 x 坐标中代入 p
45      redraw_ball(ball)                # 调用封装的函数，移动
46      tk.update()                      # 将绘图反映到画面上
47      time.sleep(DURATION)
```

一个球可以只用 ball 这一个变量来处理。为此，在这里编写了一个 make_ball 函数返回“@dataclass 中定义的内容”。变量 ball 中具有 id（管理编号）以及与绘图相关的所有值。

在第 1 章里，把表示“房子”的对象（房子对象）用 house 这一“每个房子”给具体化了，而为了用 ball 这一变量处理一个具体的球，函数 make_ball 把 Ball(...)生成的球对象作为返回值。这样的工作乍一看可能会觉得很麻烦，但对于复杂的程序来说是很重要的工作，所以大家还是习惯一下吧。

处理球的函数共有两个。make_ball 定义开始绘制球的位置（x、y）、大小 d 和颜色 c，所以是接收 4 个参数（x、y、d、c）的形式。不过，当大小和颜色被省略时，则为第 25 行中设置的 d 和 c 的值，所以只传递两个参数也能制作球。

（2）配置墙壁，当碰到左右两边的墙壁时反弹（图 2.4）。使其具有速度（vx）属性。

图 2.4　碰到左右墙壁反弹

程序 2.4　02-ball-4.py（仅变更的地方）

```
1   # 参数都放在一个地方
2   DURATION = 0.001        # sleep 时间 = 绘制的间隔
3   X0 = 150                # 球的 X 初始值
4   Y0 = 150                # 球的 Y 初始值
5   D = 15                  # 球的直径
6   VX0 = 2                 # 球的移动量
7
8   @dataclass
9   class Ball:
10    # 在与(1)相同的属性列表中的第 5 个位置处（d:int 与 c:str 之间）插入以
        下内容
11      vx: int
12
13  @dataclass
14  class Border:
15      left: int
16      right: int
17      top: int
18      bottom: int
19
20  def make_ball(x, y, d=3, vx=2, c="black"):
21      id = canvas.create_rectangle(x, y, x + d, y + d,
22                                      fill=c, outline=c)
23      return Ball(id, x, y, d, vx, c)
24
25  # 从程序主体中抽出球的移动
26  def move_ball(ball):
27      ball.x = ball.x + ball.vx
28
29  # 定义绘制墙壁的函数
30  def make_walls(ox, oy, width, height):
31      canvas.create_rectangle(ox, oy, ox + width, oy + height)
32
```

```
33  # 一个重画球的函数，封装了 coords
34  def redraw_ball(ball):
35      d = ball.d
36      canvas.coords(ball.id, ball.x, ball.y,
37                    ball.x + d, ball.y + d)
38
39  # tkinter/canvas 的初始化部分，与(1)相同
40
41  # 给出墙壁的坐标(left, right, top, bottom)
42  border = Border(100, 700, 100, 500)
43
44  # 初始化处理
45  make_walls(
46      border.left,
47      border.top,
48      border.right - border.left,
49      border.bottom - border.top
50      )
51  ball = make_ball(X0, Y0, D, VX0)
52
53  while True:
54      move_ball(ball)            # 首先，使球移动
55      # 如果移动后球的左上坐标比左墙壁更靠左，
56      # 或者球的右端比右墙壁更靠右
57      if (ball.x + ball.vx < border.left \
58          or ball.x + ball.d >= border.right):
59          ball.vx = - ball.vx    # 反转球的移动方向
60      redraw_ball(ball)          # 调用封装的函数，移动
61      tk.update()                # 将绘图反映到画面上
62      time.sleep(DURATION)
```

程序由上至下的处理流程如下：

1．设置参数的初始值。

2．定义函数。

3．tkinter / canvas 的初始化部分。

4．执行时的初始化处理。

5．主循环处理。

在程序 2.4 的第 57 行中，将 if 语句分成了 2 行，并在第 57 行末写了“\”（反斜杠）。这是在逻辑上将一行的结构分割成多个物理行时使用的“明确表示连续行的反斜杠”。写了这个反斜杠，到“:”（冒号）为止的部

分都被解释为 if 语句的“条件”。

关于 if 语句的分割，本书采用了两种格式：一种是在使用 and 或 or 使条件式变长时，在 if 后加一个空格，用括号把条件括起来；一种是将 and 或 or 放在行首（为了更容易看出逻辑关系），在条件部分缩进 4 个字符。程序 2.4 的第 57 行和第 58 行中，在加了括号的基础上，还通过反斜杠来指定物理行的分割，即使省略其中一个也可以分割物理行。

在第 22 行、第 37 行、第 46 ~ 50 行中，函数的参数列表在中途换行后的缩进和第 58 行的 if 语句中的换行后的缩进，没有限制吗?

在 Python 的语言规范中，这些都是作为一行来处理的，所以没有限制，但是为了便于阅读，应该适当地缩进。

但是，第 53 行的“while True:”这个无限循环语句块是由相同缩进级别的行组成的。所有属于这个无限循环语句块的行必须具有相同的缩进级别。具体来讲就是，第 54 行、第 57 行、第 60 ~ 62 行的缩进级别必须相同。

（3）配置多个球，碰到墙壁后反弹（图 2.5）。

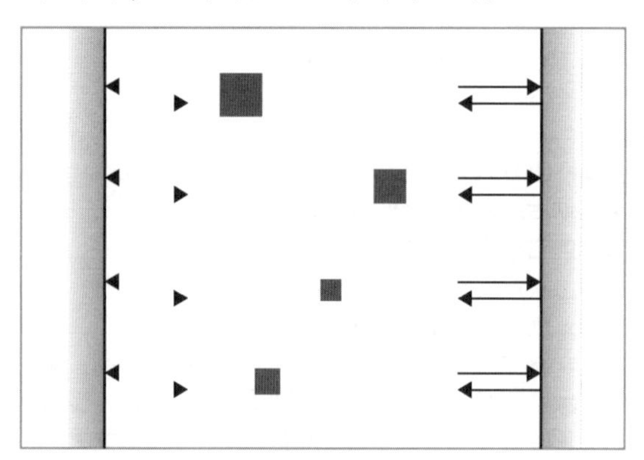

图 2.5　多个球

程序 2.5　02-ball-5.py（仅变更的地方）

```
1  # 准备一个有多个球的“列表”
2  balls = [
3      make_ball(100, 150, 20, 2, "darkblue"),
4      make_ball(200, 250, 25, -4, "orange"),
5      make_ball(300, 350, 10, -2, "green"),
6      make_ball(400, 450, 5, 4, "darkgreen")
7      ]
8
9  while True:
10     for ball in balls:                    # 对所有的球，循环处理
```

```
11        move_ball(ball)                   # 首先，使球移动
12    # 如果球碰到墙壁
13        if (ball.x +  ball.vx  <  border.left  \
14            or ball.x + ball.d >= border.right):
15            ball.vx = - ball.vx           # 反转球的移动方向
16        redraw_ball(ball)                 # 绘制球的移动
17    tk.update()                           # 绘制被反映到画面上
18    time.sleep(DURATION)                  # 一直 sleep，直到下一次绘制
```


前半部分与程序 2.4 相同。请一边比较一边想一下从哪里开始替换。

在例题 2.3 中，用对象来表现球，将球的数据（模型）与实际显示的部分（视图）分离开，并赋予它们明确的分工。这样做之后，对于球移动的编程就可以把精力集中在球的模型上，而不用在意球是如何显示的。相反，可以在视图部分集中描述球对象在画面上的表现方式。关于模型与视图的分割，将在第 8 章中详细介绍。

在开头部分写了该程序的概要作为注释。简单地重复“复制—粘贴”操作，往往会忘记修改标题（开头部分的注释）。但是，在制作一个程序时，“为了什么”“如何”“实现什么样的功能”，以及该程序原来的名称是什么，是“谁”在“什么时候”编写的等必要的内容都要好好地记录下来，这很重要。

练习题 2.1　让“车”动起来

使用第 1 章的练习题 1.1 中准备的车，制作向 x 方向移动车的动画。同时移动多辆车。

与例题 2.3 一样，碰到左右墙壁则调转方向，也可以把例题 1.1 中制作的“房子”做成动画。

（文件名：ex02-1-cars.py）

在程序 2.3 中，用管理编号 id 把 create_rectangle 函数绘制的图形保存到变量中使其移动。球只是移动一个图形，而汽车包括“车身”和两个“车轮”，共三个图形。要保存三个 id，只需准备一个称为 ids 的列表即可。要在@dataclass 的定义中把列表作为属性来使用，需要进行如下定义：

```
    ids: list
```

此处，制作一个 make_car 函数，在绘制到画面上之前，生成动画用的图形，在一开始就获取 id。make_car 函数如下：

程序 2.6　ex02-1-cars.py（多个 id 的列表化）

```
# 在初始位置绘制汽车
def make_car(x, y, l, h, wr, vx, bcolor):
  # 坐标0,  0,  0,  0是虚拟值
    id0 = canvas.create_rectangle(0, 0, 0, 0,
                                  fill=bcolor, outline=bcolor)
    id1 = canvas.create_oval(0, 0, 0, 0,
                             fill="black", outline="black")
    id2 = canvas.create_oval(0, 0, 0, 0,
                             fill="black", outline="black")
    ids  = [id0, id1, id2]
    return Car(ids, x, y, l, h, wr, vx, bcolor)
```

请使用程序 2.6，挑战一下车的建模（图 2.6）。

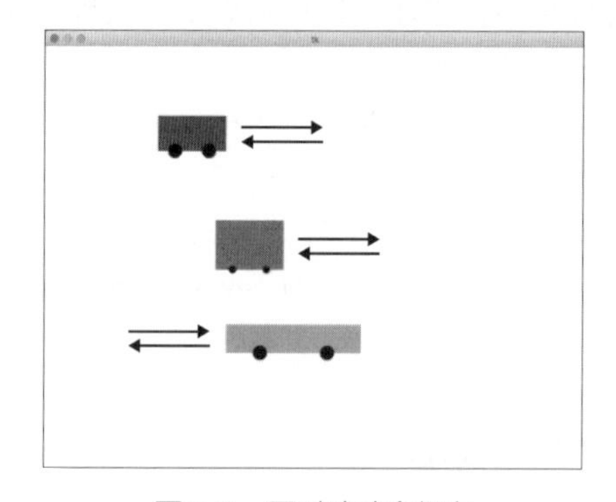

图 2.6　同时移动多辆车

练习题 2.2　在二维空间移动球

对例题 2.3 进行应用，使球能够倾斜移动，制作在碰到 4 面墙壁时反弹的动画（图 2.7）。

（文件名：ex02-2-bounce.py）

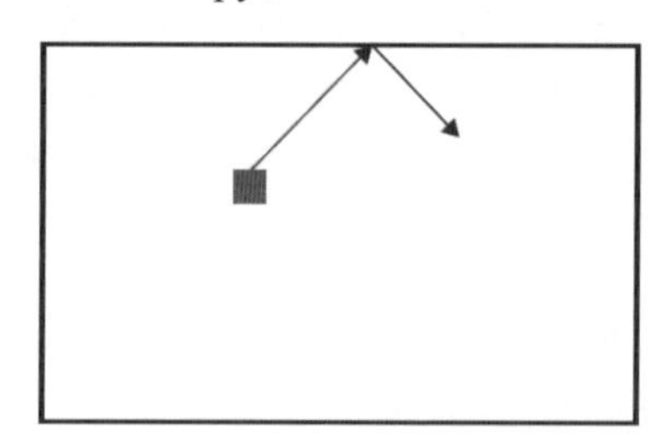

图 2.7　在二维空间移动球

练习题 2.3 移动多个球

对练习题 2.2 进行应用，制作多个球在箱子里来回移动的动画（图 2.8）。

（文件名：ex02-3-balls.py）

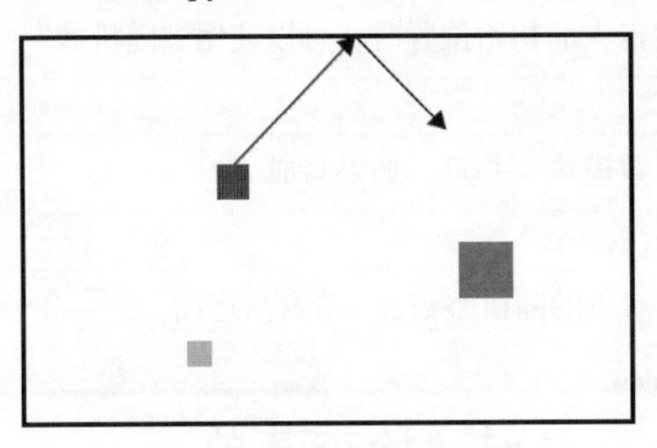

图 2.8 移动多个球

拓展问题 2.1 病毒感染的模拟

遵循如下规则（可以自行适当调整），制作病毒感染的动画。

（1）在练习题 2.3 的动画中，将球比作“人”。

（2）人有两种状态：“感染”或“未感染”。在图 2.9 中，黑色表示“感染”状态的人。

（3）带有病毒的人与他人接触时，将病毒传染给对方。

（4）所有人都变成“感染”状态后，停止模拟。

（文件名：ex02-4-epidemic.py）

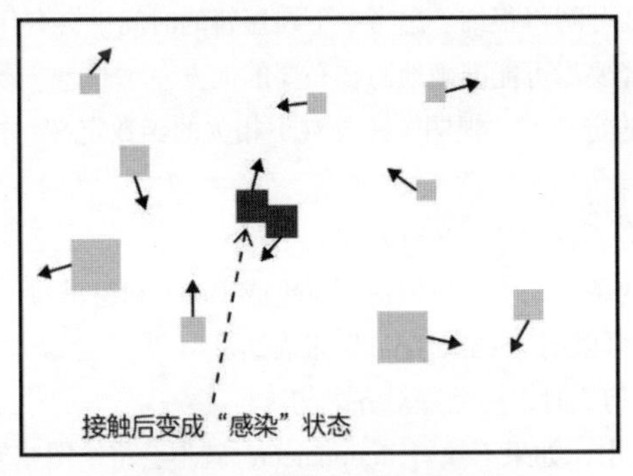

图 2.9 病毒感染的模拟

在程序 2.1 中，移动球时使用了 coords 函数。一般情况下，当变更坐标以外的属性值时都使用 itemconfigure 函数。将表示图形的标识符 id 和想要变更的属性值作为参数传递给 itemconfigure 函数。例如，当想要把具有 id 标识符的图形的 fill（填充色）变为 red 时，代码如下：

```
canvas.itemconfigure(id, fill="red")
```

另外，在确定人的初始位置时，可以使用“随机数”[①]。写上

```
import random
```

就可以使用随机数模块。并且，如果写成

```
random.randint(a, b)
```

就会返回 $a \leqslant n \leqslant b$ 的随机整数 n。请灵活运用。

2.3 总结 / 检查清单

总结

1. 在制作某个东西时，首先要说明制作“什么”。

2. 为需要制作的“对象”起一个合适的名称，并列出它的特征。

3. 即使你认为“这是一件特别清楚的事情”，别人可能不会这么想。不要省略，把想到的内容毫无遗漏地写下来。

4. 将复杂的动作分解成几个简单的动作，将每个简单的动作编写成一个程序。在考虑二维的移动之前，先考虑一维的移动。

5. “移动”要分解得很细。思考一下在短暂的时间里会有什么样的变化。

6. 程序的注释要尽可能准确地写在必要的地方。

7. “模型”的定义、“视图”（外观）相关的函数定义、初始化、程序主体部分，尽量分开写。

8. 当逻辑行跨了多行时，在行末加上“\”。

9. 在 if 语句的条件式中，可以使用逻辑或（or）和逻辑与（and）。

10. 无限循环可以用“while True:”来表达。

11. 在表达语句块时，用缩进对齐语句。

12. 在 tkinter 中，如果不执行 tk.update()，就不会将绘图结果实时反映到画面

---

① 随机数是指以不规则且等概率出现的方式从生成的数列中提取的数字。用于在游戏中进行编程，使其每次都有不同的动作。

上；反之，过于频繁地执行会使处理变慢。如果不写，画面就不会改变。

检查清单

- 你理解了用缩进的对齐方法可以表现语句块这一点了吗？
- “墙壁与球的碰撞”只判断一边，如果左右两边都有碰撞的情况，要如何扩展？你能说明吗？
- 在判断碰撞或接触时，为了“下次绘制的时候不重叠”，速度分量也需要包含在判断里，你能说明在哪里进行该处理吗？
- 对于运动的物体与静止的物体之间碰撞的判断和运动的物体相互之间的碰撞的判断中，应该注意哪些点？

专栏

用名称指定颜色

熟悉 Web 编程的人，应该都知道如何使用十六进制数指定颜色，如 #FFFF00。#FFFF00 是黄色。不过，还可以用英文“名称”指定颜色。

网页颜色是从 X11 color names 派生出来的，tkinter 的颜色也同样是从 X11 派生出来的，几乎可以认为是一样的。例如，仅绿色就有 LawnGreen、Lime、LimeGreen 、PaleGreen 、LightGreen 、MediumSpringGreen 、SpringGreen 、MediumSeaGreen、SeaGreen、ForestGreen、Green、DarkGreen、YellowGreen、OliveDrab、Olive、DarkOliveGreen 等“名称”的定义，分别对应以十六进制数表示的颜色。

也就是说，同名的“颜色”被转换成相同的十六进制数，如果显示器的“色相显示”相同，应该完全重现相同的颜色（实际上，显示器不同，颜色的感觉也会有些细微的差别）。

在本章的程序中，“颜色”的部分全部用“名称”标记为 orange 和 darkblue 等。

如果希望用颜色渐变来显示“计算”结果，在视觉上容易看出微妙的变化，也许可以用计算来导出十六进制数的“颜色”，不过，也有这种用“名称”表现颜色的编程方法，记住也没有坏处。

第 3 章

通过事件进行交互处理

到目前为止的编程中，没有来自外部的干扰，表现得都是封闭世界中的运动。但是，这样只是“盯着运动的物体看”，并不能成为游戏。在本章中，将从外部对对象提出请求，并使其“响应”这些请求。

把对象突然收到某种请求的行为称为事件。接下来看看如何处理事件来移动推杆。

3.1 对象和消息传递

在第 2 章中，考虑了将现实世界中存在的各种“东西”建模成对象进行处理。尽可能“抽象化”处理，用@dataclass 生成带有具体“属性值”的各个“东西”。

在这些“东西”的世界里，要么把“东西”“画”出来，要么如事先规定的那样“移动”。另外，在时间的变化过程中，用动画表现“球”撞到“墙壁”上反弹等动作。本章将更进一步地编写程序，将游戏制作成形。

那么，为了让应用程序成为一个游戏，不仅是做出事先预定好的动作，还需要人发出指令，使其响应这些指令。这种人与计算机之间的交流，就称为“交互”（interactive）。而以“对话方式”进行处理，则称为交互处理。为了进行交互处理，需要游戏玩家（操作的人/玩游戏的人）发出指令。

向对象（目标物）发出某个指令就称为“消息传递”（messaging）。

- 正走在路上的时候，被人打招呼说“你好”。
- 天空下起雨来。
- 手机收到短信（这个是真正的消息）。

当出现这种来自“自己以外”的某种影响时，“我”这个对象就会从外部接收到“信息”。此外，有时“我”这个对象也会向“朋友”这个对象发送“你好吗？”的消息。在对象的世界里，对象之间的“通信”就是消息传递。

在接下来的章节中，将学习如何在程序上实现这种动作。

3.2 事件和状态

游戏是在计算机中运行的，而我们是从计算机外部来操作游戏的。此时的输入装置（接口）的代表就是键盘和鼠标。最近，也有虚拟现实世界的输入用手套（手套）、动作捕捉（动作识别输入）等进化的方法，还是先从基础开始吧。

我们操作键盘或者点击鼠标这种“操作”，从计算机的角度来看，是“突然”发生的。

突然发生，以“喂，发生事情了哦”的形式通知。“喂，发生事情了哦”这种通知就是“事件”（event）。在计算机中，下面这些都是事件：

1. 键盘的按键被按下、松开。
2. 鼠标移动、鼠标按钮被按下、松开。
3. 定时器到了设定时间。
4. 通信数据被送达。

这些都是突然发生的，而不是“事先就知道何时会发生”的。所以，做好准备在那里一直等，对于计算机来说很浪费时间。并且，在通常的算法中，不能以“这个部分会发生事件”的形式进行编程。那么，该怎样编程呢？

要将发生的“事件”和被称为“事件处理程序”（event handler）的函数结合起来。定义成这样的形式：如果发生了这个事件，就调用这个函数。

事件处理程序可以应对突然发生的事件，但并不总是执行相同的处理。举个例子，假设有电话打来了。设想如下的 4 种情况：

1. 正在开车。
2. 正在公交车上。
3. 正在上课或开会、在学校或公司里且周围都是人。
4. 一个人待在房间里。

在正在开车的情况下，是不能接电话的。在公交车上，一般情况下不回应，或者只回答说：“我现在在公交车上，一会儿再给你打回去。”基本上当场不说话[①]。在正在开会的情况下，根据对方是谁，有时会当场拒接，然后拿着手机慌忙离开座位，再回电说：“让您久等了。”只是，产生了延迟。相反，当一个人在房间里时，几乎都是马上进入正题来回应。这些有什么不同呢？接到电话的你的“状态”（state）不一样，所以对于来电事件的处理方法就会不同。事件处理程序识别“状态”，根据“状态”进行处理。事件和状态的编程在第 15 章中将再次进行说明。在这里，先考虑一个人待在房间里时的手机来电，也就是能够立即处理的状态。

例题 3.1 获取按键事件

获取按键事件并显示被按下的按键的字符。

为了进行“当键盘的按键被按下时进行某个操作”的处理，要获取系

① ack/acknowledgement：知道了=确认了有来电，先应答，然后再通过其他通信确认具体内容，这种做法在计算机之间的通信中经常使用。

统感知到的“事件”，并描述对其如何处理。请尝试运行如下程序。

程序 3.1　03-key-event.py

```
1  # Python 游戏编程：第 3 章
2  # 例题 3.1 Key 被按下时，显示 keysym
3  # ------------------
4  # 程序名：03-key-event.py
5
6  from tkinter import *
7  tk = Tk()
8  canvas = Canvas(tk, width=400, height=300)
9  canvas.pack()
10
11 # Key Event Handler
12 def on_key_press(event):
13     # 显示字符
14     print("key: {}".format(event.keysym))
15
16 # 将事件处理程序与事件关联起来
17 canvas.bind_all("<KeyPress>", on_key_press)
```

被通知给系统的“事件”，以键盘和鼠标等输入设备发起动作时发生的事件为代表。在 tkinter 中感知到键盘的事件后，为了对其进行处理，使用[①]如下代码：

```
canvas.bind_all(事件名, 函数名)
```

在第一个参数的事件名中可以指定"<KeyPress>"与"<KeyRelease>" 等。分别表示“某个按键被按下”和“松开”事件。第二个参数指定的是事件处理程序，指定想要与第一个参数的事件关联处理的函数名。

在程序 3.1 中，on_key_press 是事件处理程序。[②]

接下来看一下事件处理程序 on_key_press。事件处理程序接收带有事件信息的事件对象作为参数（这里是 event）。针对键盘事件，如果用

① 画面上的标签和按钮等绘图零件（部件）上发生的事件可以用 bind 方法来处理，但为了在其他零件被点击但自己并没有获取焦点（focus）的时候也能接收到事件，必须使用 bind_all 方法。

② 按惯例，事件处理程序的函数名经常以 on_开头。在 on 这个前置词中，有把时间或现象作为原因来说明的用例，如 on his arrival（他一到就马上）等，意思是“如果发生什么事情的话”。

event.keysym，能获取“接收到了哪个按键的事件”这样的信息。然而，如果在 bind_all 的事件名中指定了 "<KeyPress-a>"，则只有在按下 A 键时，事件处理程序才会启动。在想要根据按下的不同按键切换不同的处理时，最好使用这个功能，将事件处理程序根据每个被按下的按键分开。鼠标事件的处理示例将在第 9 章及以后介绍。

例题 3.2 事件处理 / 推杆的引入

编写能上下移动推杆的程序（图 3.1）。

图 3.1 上下移动推杆

程序 3.2 03-paddle.py

```
1  # Python 游戏编程：第 3 章
2  # 例题 3.2 上下移动推杆
3  # ------------------
4  # 程序名：03-paddle.py
5
6  from tkinter import *
7  from dataclasses import dataclass
8  import time
9
10 # 设置初始状态
11 DURATION = 0.01        # 绘图间隔（秒）
12 PADDLE_X0 = 750        # 推杆的初始位置（x）
13 PADDLE_Y0 = 200        # 推杆的初始位置（y）
14 PAD_VY = 2             # 推杆的速度
15
16 @dataclass
17 class Paddle:
18     id: int
19     x: int
20     y: int
```

```
21        w: int
22        h: int
23        vy: int
24        c: str
25
26    # 推杆的绘制和定义
27    def make_paddle(x, y, w=20, h=100, c="blue"):
28        id = canvas.create_rectangle(x, y, x + w, y + h,
29                                     fill=c, outline=c)
30        return Paddle(id, x, y, w, h, 0, c)
31
32    # 推杆的移动（上下）
33    def move_paddle(pad):
34        pad.y += pad.vy
35
36    # 推杆的重绘
37    def redraw_paddle(pad):
38        canvas.coords(pad.id, pad.x, pad.y,
39                      pad.x + pad.w, pad.y + pad.h)
40
41    # ------------------
42    # 推杆操作的事件处理程序
43    def up_paddle(event):          # 将速度设置为向上（负数）
44        paddle.vy = -PAD_VY
45
46    def down_paddle(event):        # 将速度设置为向下（正数）
47        paddle.vy = PAD_VY
48
49    def stop_paddle(event):        # 将速度设置为 0
50        paddle.vy = 0
51
52    # ------------------
53
54    tk = Tk()
55    canvas = Canvas(tk, width=800, height=600, bd=0)
56    canvas.pack()
57    tk.update()
58
59    paddle = make_paddle(PADDLE_X0, PADDLE_Y0)
60
```

3 通过事件进行交互处理

```
61  # 将事件与事件处理程序关联
62  canvas.bind_all('<KeyPress-Up>', up_paddle)
63  canvas.bind_all('<KeyPress-Down>', down_paddle)
64  canvas.bind_all('<KeyRelease-Up>', stop_paddle)
65  canvas.bind_all('<KeyRelease-Down>', stop_paddle)
66
67  # ------------------
68  # 程序的主循环
69  while True:
70      move_paddle(paddle)        # 推杆的移动
71      redraw_paddle(paddle)      # 推杆的重绘
72      tk.update()                # 将绘制反映到画面上①
73      time.sleep(DURATION)       # sleep，直到下一次绘图之前
```

在这个例子中，利用事件处理程序使推杆随着键盘的输入上下移动。这个程序中的事件处理如下：

- 当按下"↑"键时，调用事件处理程序 up_paddle，将推杆设置为向上移动。
- 松开按下的"↑"键后，调用事件处理程序 stop_paddle，将推杆的速度设置为 0。
- 对"↓"键也进行同样的处理。

例题 3.3 球与推杆的碰撞

（1）当从左侧飞来的球碰到推杆时，改变推杆的颜色。

程序 3.3 03-paddle-ball.py（仅变更处）

```
1   import random
2     ...
3   # 准备要改变的颜色（加到初始化部分）
4   COLORS = ["blue", "red", "green", "yellow", "brown", "gray"]
5     ...
6   # 改变推杆的颜色（加到推杆的函数群组）
7   def change_paddle_color(pad, c="red"):
8       canvas.itemconfigure(pad.id, fill=c)
9       canvas.itemconfigure(pad.id, outline=c)
10      redraw_paddle(pad)
11    ...
```

① 严格来说，update()也会执行被中断的事件处理程序。

```
12
13  # 为推杆被球击中时的处理添加一行代码
14  change_paddle_color(paddle, random.choice(COLORS)) # 改变颜色
```

在球对象的属性中加了表示颜色的 c 后，只要如程序 3.3 那样就能改变颜色。这里只介绍了改变颜色的方法，把 change_paddle_color 按程序 3.4 中的第 56 行那样的方式进行添加。

（2）用推杆把球反弹回去。另外，当球碰到推杆时改变推杆的颜色。如果球漏接了，就结束程序（图 3.2）。

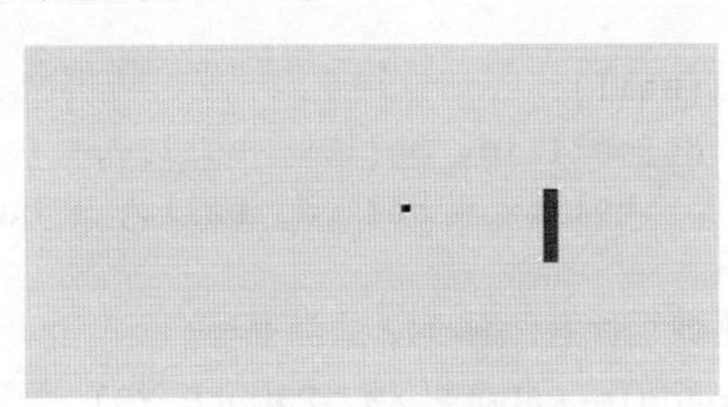

图 3.2　反弹球

程序 3.4　03-paddle-ball.py（仅变更的地方）

```
1   # 设置初始状态
2   DURATION = 0.01                   # 绘图间隔（秒）
3   PADDLE_X0 = 750                   # 推杆的初始位置(x)
4   PADDLE_Y0 = 200                   # 推杆的初始位置(y)
5   BALL_Y0 = PADDLE_Y0 + 20          # 球的初始位置(y)
6
7   PAD_VY = 2                        # 推杆的速度
8   BALL_VX = 5                       # 球的速度
9
10  # 准备要改变的颜色
11  COLORS = ["blue", "red", "green", "yellow", "brown", "gray"]
12
13  @dataclass
14  class Ball:
15      id: int
16      x: int
17      y: int
18      d: int
19      vx: int
20      c: str
21
22  # ball
23  # 球的绘制和定义
```

```
24 def make_ball(x, y, d, vx, c="black"):
25     id = canvas.create_rectangle(x, y, x + d, y + d,
26                                  fill=c, outline=c)
27     return Ball(id, x, y, d, vx, c)
28
29 # 球的移动（左右）
30 def move_ball(ball):
31     ball.x += ball.vx
32
33 # 球的重绘
34 def redraw_ball(ball):
35     canvas.coords(ball.id, ball.x, ball.y,
36                   ball.x + ball.d, ball.y + ball.d)
37
38 ... 推杆的类和函数组参考例题 3.2 适当书写
39 paddle = make_paddle(PADDLE_X0, PADDLE_Y0)
40 ball = make_ball(200, BALL_Y0, 10, BALL_VX)
41
42 ... 事件处理程序的设置与例题 3.2 一样
43
44 # ------------------
45 # 程序的主循环
46 while True:
47     move_paddle(paddle)                  # 推杆的移动
48     move_ball(ball)                      # 球的移动
49     if ball.x + ball.vx <= 0:            # 球碰到了左侧
50         ball.vx = -ball.vx
51     if ball.x + ball.d >= 800:           # 把球往右偏了
52         break
53     # 球到达了推杆的左侧，球的高度刚好在推杆的宽度之内
54     if (ball.x + ball.d >= paddle.x \
55         and paddle.y <= ball.y <= paddle.y + paddle.h):
56         change_paddle_color(paddle, random.choice(COLORS)) # 改变颜色
57         ball.vx = -ball.vx               # 球的移动方向改变
58     redraw_paddle(paddle)                # 推杆的重绘
59     redraw_ball(ball)                    # 球的重绘
60     tk.update()                          # 绘制被反映到画面上
61     time.sleep(DURATION)                 # sleep，直到下一次绘图之前
```

从例题 3.3 开始，处理推杆之外还引入了“球”。

在主循环中，用 move_paddle、move_ball 移动推杆和球之后，进行球的碰撞判断和处理。

- 第 1 个 if 语句（第 49 行）：球碰到左侧时的反弹处理。
- 第 2 个 if 语句（第 51 行）：球碰到右侧时跳出循环的处理。
- 第 3 个 if 语句（第 54 行）：进行球与推杆的碰撞判断，如果碰到了则反向以相同的速度反弹。

在主循环处理中，确定好球、推杆的新位置后，再用 redraw_paddle、redraw_ball 改变 Canvas 上的图形的位置。

例题 3.4 砖块的引入

（1）当从右边过来的球碰到砖块时则消除砖块。

（2）在（1）中，让球再反弹。

程序 3.5 03-block.py（仅 03-paddle-ball.py 的变更部分）

```
1   BLOCK_X = 10   # 砖块的位置（x）
2   BLOCK_Y = 60   # 砖块的位置（y）
3   BLOCK_W = 40   # 砖块的宽
4   BLOCK_H = 120  # 砖块的高
5   # 适当写上球、推杆的初始状态
6
7   @dataclass
8   class Block:
9       id: int
10      x: int
11      y: int
12      w: int
13      h: int
14      c: str
15  ...
16  # 球和推杆的处理同例题 3.3
17  ...
18  # block
19  # 砖块的绘制定义
20  def make_block(x, y, w=40, h=120, c="green"):
21      id = canvas.create_rectangle(x, y, x + w, y + h,
22                                   fill=c, outline=c)
23      return Block(id, x, y, w, h, c)
24
25  # 消除砖块
26  def delete_block(block):
```

```
27      canvas.delete(block.id)
28
29  # -----------------
30  # wall
31  # 墙壁的生成
32  def make_walls(ox, oy, width, height):
33      canvas.create_rectangle(ox, oy, ox + width, oy + height)
34
35  ...
36
37  make_walls(0, 0, 800, 600)
38  # ball 和 paddle 的生成与例题 3.3 一样
39  block = make_block(BLOCK_X, BLOCK_Y, BLOCK_W, BLOCK_H)
40
41  # 键盘事件处理的设置与例题 3.2 一样
42  ...
43
44  # -----------------
45  while True:
46      move_paddle(paddle)                    # 推杆的移动
47      move_ball(ball)                        # 球的移动
48      if ball.x + ball.vx <= 0:              # 左侧边框外：反弹
49          ball.vx = -ball.vx
50      if ball.x + ball.d >= 800:             # 把球往右偏了
51          break
52
53    # 球到达了推杆的左侧，球的高度刚好在推杆的宽度之内
54      if (ball.x + ball.d >= paddle.x \
55          and paddle.y <= ball.y <= paddle.y + paddle.h):
56          change_paddle_color(paddle, random.choice(COLORS)) # 改变颜色
57          ball.vx = -ball.vx                 # 球的移动方向改变
58
59    # 砖块存在且球的 x 位置到达砖块，y 位置也在砖块的范围内
60      if (block != None \
61          and ball.x <= block.x + block.w \
62          and block.y <= ball.y <= block.y + block.h):
63          ball.vx = - ball.vx                # 将球反弹
64          delete_block(block)                # 消除砖块
65
```

```
66          block = None                    # 将砖块被消除后的状态设为 None
67      redraw_paddle(paddle)               # 推杆的重绘
68      redraw_ball(ball)                   # 球的重绘
69      tk.update()                         # 绘制被反映到画面上
70      time.sleep(DURATION)                # sleep，直到下一次绘图之前
```


程序 3.5 的主循环里有 4 个 if 语句，第 4 个 if 语句是对球和砖块的处理。

- 条件式 block != None 的意思是“如果砖块还没被消除就进行处理”。之后的 and 运算符后的条件用于检查砖块右侧是否碰到了球的左侧，即“砖块存在且该砖块被球碰到了”。
- 当上述条件成立时，调转球的方向，消除砖块。为了消除砖块，调用了 delete_block 函数，其中，用到了消除 Canvas 上指定图形的 canvas.delete 函数。canvas.delete 函数的参数中指定图形的识别编号。最后，用 block= None 来指定没有要消除的砖块。

另外，用 and 连接的逻辑表达式从左边的项开始按顺序计算，如果有结果为 False 的项，则不进行以后的计算，将逻辑表达式整体确定为 False。这样的运算符称为短路逻辑运算符。

程序 3.5 的第 4 个 if 语句的条件式是如下逻辑表达式，所以，假设 block != None 不成立，即如果 block 是 None，就不计算其后面的项，而是把整个逻辑表达式的结果作为 False。

```
# 短路逻辑运算符 and
block != None
and  ball.x <= block.x + block.w
and  block.y <= ball.y <= block.y + block.h
```

同样，or（或）也是短路逻辑运算符。逻辑运算符的“或”运算符是“只要有一个为 True 则为 True”的意思。也就是说，使用 or 运算符时，如果第 1 个逻辑表达式的结果为 True，那么整个逻辑表达式的结果就为 True，因此不再去判断它后面的逻辑表达式。使用了短路逻辑运算符后，会出现在第 2 个以后的逻辑表达式中调用函数的情况，如果在那之前的逻辑判断确定了，函数就不会被调用。这一点需要注意。

例题 3.5　球与多个砖块

摆放多个砖块，如果砖块全部消除则结束游戏（图 3.3）。

图 3.3　多个砖块

程序 3.6　03-blocks.py（仅 03-block.py 的变更部分）

```
1  NUM_BLOCKS = 4          # 砖块数
2  ...
3  # 生成多个砖块
4  def make_blocks(n_rows, x0, y0, w, h, pad=10):
5      blocks = []
6      for x in range(n_rows):
7          blocks.append(make_block(x0, y0, w, h))
8          x0 = x0 + w + pad
9      return blocks
10 ...
11 blocks = make_blocks(NUM_BLOCKS, BLOCK_X, BLOCK_Y, BLOCK_W, BLOCK_H)
12 ...
13 # ------------------
14 # 程序的主循环
15 while True:
16     # 球、推杆的处理部分与例题 3.4 一样
17 
18     for block in blocks:
19         # 球的 x 位置到达砖块，y 位置也在砖块的范围内
20         if (ball.x <= block.x + block.w \
21             and block.y <= ball.y <= block.y + block.h):
22             ball.vx = -ball.vx         # 将球反弹
23             delete_block(block)        # 消除砖块
24             blocks.remove(block)       # 从砖块的列表中删除该砖块
25             break
26     if blocks == []: break             # 当 blocks 列表为空时，结束
27     ...
```

这里，为了定义 4 个（NUM_BLOCKS = 4）砖块，进行如下设置：

```
blocks = make_blocks(NUM_BLOCKS,...)
```

这一行替换了程序 3.5 的第 39 行的 block=... 一行。blocks 是指将砖块对象作为元素的列表。

程序 3.6 的第 18 行、主循环内的 for 语句是对各砖块的球处理和砖块的消除处理。砖块和球是否碰到的判断与例题 3.3 中的推杆与球的碰撞一样。在消除砖块时，写成 blocks.remove(block)，从列表 blocks 删除取出来的砖块 block。

练习题 3.1　二维的球与推杆操作

目标是完成如图 3.4 所示的打砖块游戏（1 列）。

在这个练习题中，左右移动推杆，横向排列砖块。

编写出左右移动推杆，用推杆只打回一次球的游戏。

球不仅在 y 方向上移动，也在 x 方向上移动，即斜向移动。在这个阶段，可以先不制作砖块。

（文件名：ex03-1-paddle.py）

这一次介绍一个用 create_oval 代替 create_rectangle 来绘制圆形（球）的方法。

程序 3.7　用 make_ball 画圆

```
# 球的绘制和定义
def make_ball(x, y, d, vx, vy, c="black"):
    id = canvas.create_oval(x, y, x + d, y + d,
                            fill=c, outline=c)
    return Ball(id, x, y, d, vx, vy, c)
```

oval 是指椭圆。在 create_oval 中，指定“椭圆的外接矩形”的左上顶点的坐标和右下顶点的坐标。这种包围并外接对象图形的、肉眼看不见的矩形框称为边界框（bounding box）。请注意，create_oval 的 x 和 y 并不是圆的中心坐标。在进行碰撞判断时，使用的就是这个边界框的边界线。第 14 章中将会出现碰撞判断的工具，那里也使用边界框。

- （步骤 1）编写左右移动推杆的程序。“←”和“→”键的键盘事件名分别为 "<KeyPress-Left>"和"<KeyPress-Right>"。
- （步骤 2）判断推杆是否与球重合，如果重合，就改变推杆的颜色。
- （步骤 3）当推杆与球重合时使球斜着反弹。

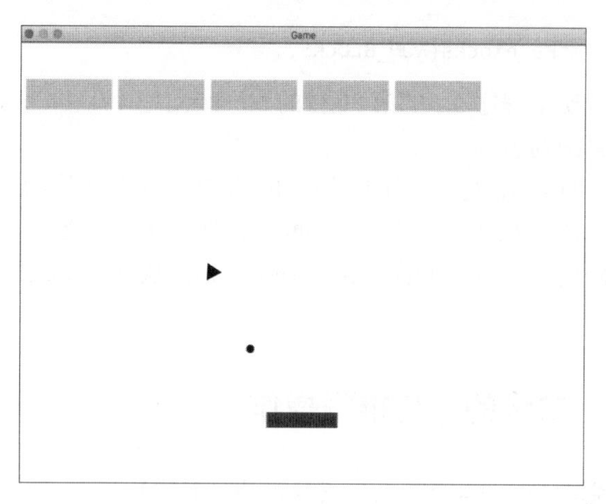

图 3.4　打砖块游戏

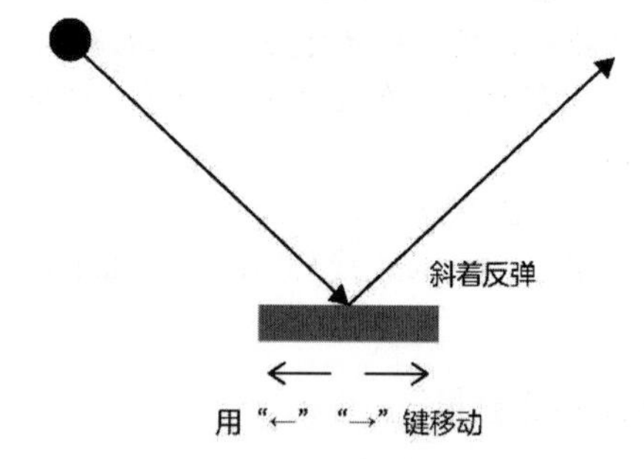

图 3.5　斜着反弹

制作一个用推杆把飞过来的球弹回的游戏。

另外，球在上、左、右 3 个方向的墙壁上弹回。另外，如果不能用推杆回击从上方飞来的球，而球飞到画面的下方，则游戏结束。

（文件名：ex03-2-paddle.py）

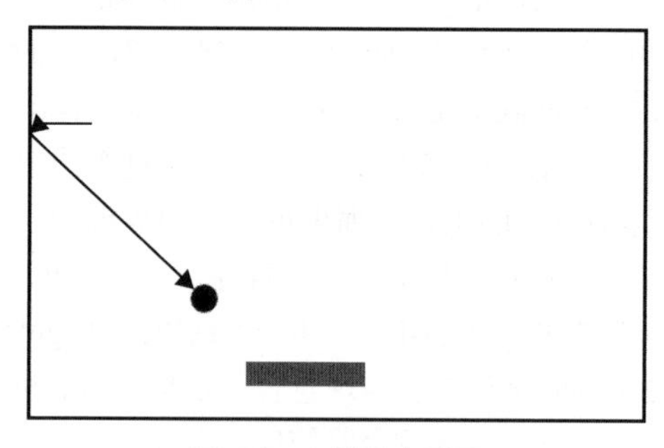

图 3.6　在墙壁上弹回

练习题 3.2　排 1 列砖块并消除

完成打砖块游戏（1 列）。

编写一个横向并排砖块，当球打到砖块上时消除砖块的程序。

（文件名：ex03-3-blocks.py）

咱们多少得有点游戏的样子吧。

在之前的程序中，运行后球会突然飞过来。这样的话，推杆操作可能来不及。为此，加一段如程序 3.8 所示的代码试试看。至于加到哪里，可以自己思考一下。

程序 3.8　ex03-3-blocks.py（一部分）

```
1   @dataclass
2   class Game:
3       start: int
4   # ------------------
5   def game_start(event):
6     game.start = True
7   ...
8   game = Game(False)
9
10  canvas.bind_all('<KeyPress-space>', game_start) # 按下 Space 键（空格键）
11  ...
12  # ------------------
13  # 等待按下 Space 键
14  id_text = canvas.create_text(400, 200, text = "Press 'SPACE' to start",
15                               font = ('FixedSys', 16))
16  tk.update()
17
18  while not game.start:          # 一直等待按下 Space 键
19      tk.update()
20      time.sleep(DURATION)
21
22  canvas.delete(id_text)         # 删除按下 Space 键的消息
23  tk.update()
24  ...
25  # 这之后是程序的主循环
```

在这个例子中，

```
id_text = canvas.create_text(400, 200, text = "Press 'SPACE' to start",
```

```
font = ('FixedSys', 16))
```

这行代码用于在画面上显示字符。在这个例子中，在 x＝400、y＝200 的位置显示 text 的字符串（"Press 'SPACE' to start"）。

用 game_start 方法接收“按下 Space 键”事件，并把用来控制游戏的数据类 start 的值设置为 True。如此，就能跳出第一个循环，进入程序的主循环，改变游戏突然开始的动作。

“Game Over!”或“Clear!”等的显示也可以自己想办法实现。

拓展问题 3.1 用推杆位置改变角度

用推杆的位置改变反弹的角度。

（文件名：ex03-4-blocks.py）

现在，入射角和反射角一样了（*x* 轴方向的速度是恒定的）。这样一来，球就不能按预想的方向飞了。

为此，试着改变动作：如果碰到推杆中央就朝正面笔直方向反弹；碰到推杆的右侧就向右侧反弹，碰到左侧就向左侧反弹；越碰到边缘就越改变角度。

只加一行，就能实现这一处理。

3.3 总结 / 检查清单

总结

1. 在 canvas.bind_all 函数中，把事件与事件处理程序关联了起来。
2. 如果是按键事件，可以从 event 类的属性中取出“字符”。
3. 能够对每个按键指定按下、松开的事件。

检查清单

- 按键“松开”事件是与按键“按下”事件分开的。你是分开考虑的吗？
- 在格式指定中，将数据输出到控制台时，调用“print("格式指定字符串".format(变量))函数。知道格式的写法吗？
- 在“while True:”的无限循环中，if 语句用 break 跳出循环。掌握它的写法了吗？

- 理解短路逻辑运算符 and 和 or 各自的中止“判定”条件了吗？
- 知道在 tkinter 中改变对象“颜色”的方法吗？
- 知道随机从数组中提取元素的写法吗？

专栏

Python 的执行环境

在本书中，利用 IDLE，在 IDLE 中打开源文件，或者在 IDLE 中输入源文件使程序运行，按照这样的流程引入了 Python 程序的执行。

Python 程序还可以从命令行执行。所谓命令行，是指使用 Windows 的命令提示符、Power Shell、macOS 和 Linux 的 Terminal，不通过 GUI 让计算机执行处理的指令。如果这个 Python 命令可以使用，输入

```
> python 文件名
```

就能执行该程序。但是，在这种情况下，有几点必须注意。

首先是 encoding（编码）。

目前常用的 encoding 有 Windows 和 macOS 等使用的 Shift-JIS、Web 程序等使用的 UTF-8、还有 Linux 等使用的 EUC 等。在 Ruby 和 Python 中，为了将 encoding 传达给解释器，有时会写上“注释（#！）”。例如，当传达 encoding 为 Shift-JIS 时，注释如下：

```
# -*- coding: shift-JIS -*-
```

这一行写在程序的开头，就能让 Ruby 和 Python 知道 encoding 是 Shift- JIS 。

接下来需要注意的是 tkinter 的绘图程序。

如果是从命令行启动，一旦程序运行结束，tkinter 的 Canvas 就不显示了。在运行第 1 章的例题程序时，一瞬间就画完了且马上就结束了，所以根本看不到画了什么。遇到这种情况，需要想办法让 tk 等待。

```
tk.mainloop()
```

请在最后写上这样一行。它会等待 tk“关闭”，所以有时间让我们看到画面上的内容。

最后，介绍一下在从命令行执行时，用于“只执行第一个调用的文件里的 main 函数”的惯例写法。这个在众多的 Python 入门书中都有记载。

以程序 3.9 所示的形式来写主程序。

程序 3.9 __main__ 的判定

```
def main():
    # 这里是程序
    sys.exit()

if __name__ == "__main__":
    main()
```

"__main__" 在 Python 命令被执行时所调用的程序中被设置为__name__作为“预定义名称”。在其他的程序中，程序的文件名［从别的程序导入并执行的程序的模块名，不含文件名的扩展名（.py）的部分］被设置为__name__。

在 IDLE 中执行时，因为是从文件直接“执行”，所以总是该文件被执行。因此，无论是否进行上述描述，总是会执行 main 函数。

定义 main 函数后，就明确了主程序是哪个部分，它的目的是使代码易读，并不一定是“执行所需要的”。

第 4 章

程序的扩展

前几章中编写的球和砖块的程序太简单了，还不能称为“游戏”。

这还只是“草图”。它的动作简单到让人不禁想“这程序能运行吗？还是先简单地试一下基本动作吧”。它还缺少一些要素，才能成为让人不由自主地喜欢起来的真正的“游戏”。

我们还要做一些“添肉”工作，类似于给程序的“骨架”加上“肉”，添加一些功能。而且还有一些是不遗漏细节的、使之更具真实感的“细致度”要素。

本章带领大家思考这两个要素。

4.1 碰撞判断的陷阱

请看程序 3.4，是：

（2）用推杆把球反弹回去。另外，当球碰到推杆时改变推杆的颜色。如果球漏接了，就结束程序（图 4.1）。

这样的课题。

图 4.1 反弹球

有没有注意到这个程序有什么不对的地方？

```
ball = make_ball(200, BALL_Y0, 10, BALL_VX)
```

这一部分如果改成

```
ball = make_ball(200, 199, 10, BALL_VX)
```

会怎么样？

尽管球看起来像是在和推杆碰撞，但没有反弹，就这么滑过去了。

下面来仔细看一下进行碰撞判断的 if 语句。

```
if (ball.x + ball.d >= paddle.x \
    and paddle.y <= ball.y <= paddle.y + paddle.h):
```

在考察判断内容之前，先来补充一下关于条件表达式写法的知识。这个 y 轴方向的判断是 Python 独有的写法，这个部分如果用 C 或 Java 等编程语言的方式来写，则变成

```
paddle.y <= ball.y and ball.y <= paddle.y + paddle.h
```

在 Python 中，B 大于 A 小于 C 的条件表达式，可以用

```
A < B < C
```

简洁的写法来写。

下面再来说球滑走的问题，有问题的是 paddle.y <= ball.y 这一条件。看一下图 4.2。

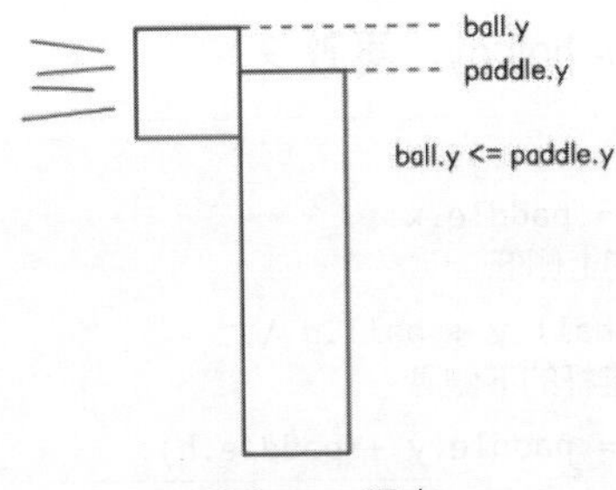

图 4.2　滑走

从这个条件判断中可以看出，比较的是球的上侧与推杆上侧的坐标。但是，如图 4.2 所示，paddle.y ＞ ball.y，所以会判断为没有碰撞。尽管下侧碰到了。

实际上如图 4.3 所示，需要比较的是球的下侧与推杆上侧的坐标。请据此修改成正确的代码。

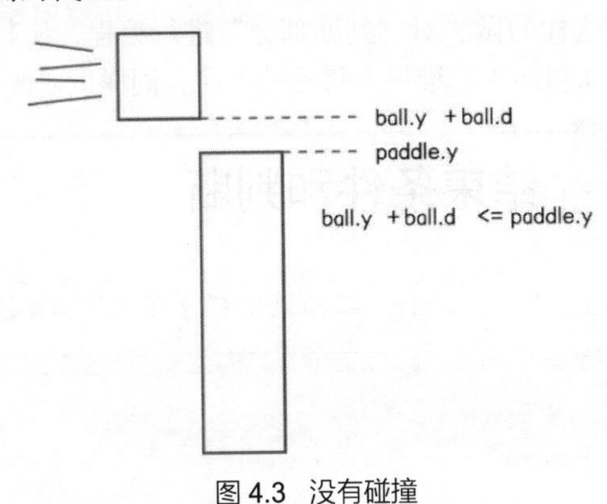

图 4.3　没有碰撞

例题 4.1　修改错误的碰撞判断

将图 4.3 的判断条件修改正确。

程序 4.1　04-paddle-ball.py（仅 03-paddle-ball.py 的更改部分）

```
# 球到达推杆左侧、球的高度在推杆宽度之内
if (ball.x + ball.d >= paddle.x \
    and paddle.y <= ball.y + ball.d \
    and ball.y <= paddle.y + paddle.h):
```

如果很难理解 and 条件和 or 条件之间的关系，可以采用嵌套 if 语句的方法。

程序 4.2 04-paddle-ball.py（更改 2）

```
# 球到了推杆的左侧
if ball.x + ball.d >= paddle.x:
    # 球的下侧比推杆的上侧低
    if (paddle.y <= ball.y + ball.d \
        # 球的上侧比推杆的下侧高
        and ball.y <= paddle.y + paddle.h):
```

这些“动作判断”的相关部分，无论是在游戏中还是在非游戏的控制程序中，大多都是“关键点”。如果觉得麻烦，可以这样做：

1. 画图，标清楚程序的变量关系。
2. 把关系整理成语言。
3. 把“变化前”的状态和“变化后”的状态画成图进行比较。
4. 把用语言写的“条件”套用在变量上。

请大家按照这样的做法对“判断部分”进行编程，使其能够正确地运行。此外，对于球斜向（二维地）移动的程序，同样也要改成正确的动作[①]。

4.2 结束条件和判断

在拓展问题 3.1 中，已经有一些游戏的样子了（图 4.4）。

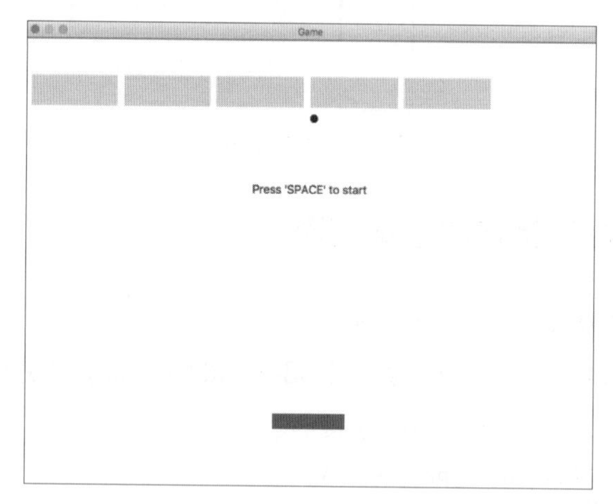

图 4.4　开始画面

① 在本书的例题的判断条件中，if 过于细致，所以有的条件就省略了。请试着找一下，在什么情况下会发生什么。

在这个游戏的构成中，在开始的同时，球会向下移动。向下移动时，y 坐标变大。如果能很好地用推杆打回球，球就会再次向上，在砖块或上方的墙壁上反弹，然后再次向下。如果“球错过推杆掉下来”则游戏结束。另外，当所有的砖块都被消除时则游戏通关。

这里的“球错过推杆掉下来”的程序，要如何编写呢？

想得简单一点的话，就是“如果移动后球超出绘图范围，则显示‘Game Over!’，并从游戏运行的循环中退出”这样做最简单。

例题 4.2 Game Over! / Clear! 的显示

（1）如果无法用推杆回击从上方飞来的球，而球飞到画面的下方，则游戏结束。

程序 4.3 ex03-4-blocks.py（更改 1）

```
if ball.y + ball.d + ball.vy >= 600:          # 跑到下面去了
    canvas.create_text(400, 200, text="Game Over!",
                       font = ('FixedSys', 16))
    break
```

“移动后球超出绘图范围”理论上可以理解为“球上侧的坐标加上球的高度后的坐标就是球下侧的坐标。球下侧的坐标加上‘上下方向的移动量’变成‘移动后’的球下侧的坐标，它低于画面的下方”。在例题的程序中，画面下方的坐标是 600，所以如程序 4.3 所示。就是如下这部分。

```
if ball.y + ball.d + ball.vy >= 600:
```

然后，把“游戏结束”改为“显示 Game Over!，退出游戏执行的循环”。

“显示 Game Over!”的代码如下：

```
canvas.create_text(400, 200, text="Game Over!", font = ('FixedSys', 16))
```

“退出游戏执行的循环”的代码如下：

```
break
```

break 语句会从自己当前执行的语句块中退出，也就是从

```
while True:
```

的 while 语句中退出来。

那么，下面这个操作如何实现？

（2）当所有的砖块都消除时，显示“Clear!”表示游戏结束。

这个只要利用例题 3.5 中介绍过的“消除砖块”部分就能够完成。程序 3.6 中有如下代码。

程序 4.4　03-blocks.py（一部分）

```
for block in blocks:
    # 球的 x 位置到达砖块、y 位置也在砖块的范围内
    if (ball.x <= block.x + block.w \
        and block.y <= ball.y <= block.y + block.h):
        ball.vx = -ball.vx     # 将球反弹
        delete_block(block)    # 消除砖块
        blocks.remove(block)   # 从砖块的列表中删除该砖块
        break
    if blocks == []: break     # 当 blocks 列表为空时，结束
```

在程序 3.6 中，球是左右移动的，所以球的移动是

```
ball.vx = -ball.vx
```

这里球是上下移动，所以“将球反弹”就是

```
ball.vy = -ball.vy
```

在

```
for block in blocks:
```

的循环中，首先通过

```
delete_block(block)
```

消除砖块，然后执行

```
blocks.remove(block)
```

用 blocks.remove 从“列表”中删除这个元素。

判断列表是否为“空”，在这个例子中是

```
if blocks == []:
```

这一部分也可以用

```
if len(blocks) == 0:
```

来实现。

当 blocks 为“空”时，显示“Clear!”表示游戏结束的代码如下。

程序 4.5 ex03-4-blocks.py（更改 2）

```
if len(blocks) == 0:                  # 数组为空的另一种检查方法
    canvas.create_text(400, 200, text="Clear!",
                       font=('FixedSys', 16))
    break                             # 结束
```

4.3 游戏世界的扩展

第 2 章开头有如下项目，试着挑战一下这些项目，看看能“实现”到什么程度。

1．根据推杆的位置改变反弹的角度。

2．显示成绩。

3．道具和敌人等从上面掉下来。

4．根据条件设置奖励点等。

5．逐渐提高球速。

6．逐渐缩短推杆长度。

7．球也能打到砖块的背面。

8．摆放 2 行以上的砖块。

9．设置砖块的硬度。

10．同时飞多个球。

11．带音效。

假设有这样的项目：

根据推杆的位置改变反弹的角度。

这是拓展问题 3.1（P64）的内容。应该如何编写程序呢？如图 4.5 所示，b.x 表示 ball.x、b.d 表示 ball.d、p.x 表示 paddle.x、p.w 表示 paddle.w。

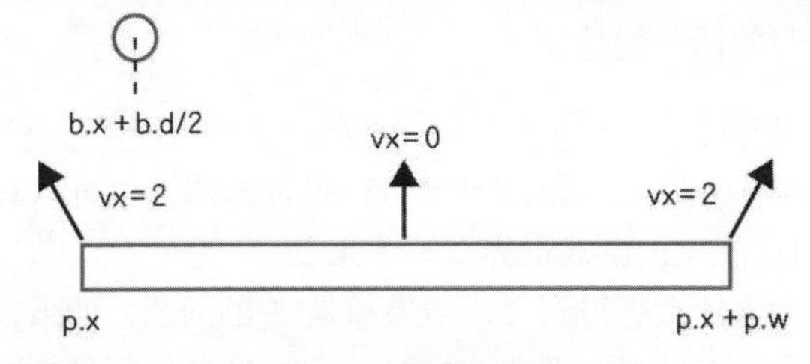

图 4.5　反射时的 vx

球的中心（b.x + b.d/2）在推杆的左侧（p.x）时，新的 vx 变成-2；在推杆的右侧（p.x + p.w）时， vx 变成 2，只要计算新的 vx，角度就会发生变化。这是一个一次函数。但是，这里有需要注意的地方。“坐标”对应于图形平面上的 pixel（像素），因此它具有“整数值”。

```
a = -1.5
print(int(a))                    # -> -1
a = 1.5
print(int(a))                    # -> 1
```

在 Python 中，如果用 int 函数从实数转换为整数，则会发生绝对值的“舍去”，因此当被舍去为整数时，如果把程序写成从左侧开始一定范围内的 vx=−2，从右侧开始一定范围内的 vx=2，那么坐标转换的一次函数的“值域”将是−3<vx<3。

当球与推杆碰撞时，假设求球速度的函数是 f。如果用 x 表示从推杆左侧看到的球的中心位置，公式如下：

$$x = \mathrm{b.x} + \mathrm{b.d}/2 - \mathrm{p.x}$$

这个公式计算的是：球的左侧+球的半径−推杆的左侧。此时 $f(x)$的条件式就可以用

$$f(0) =-3,\quad f(\mathrm{p.w}) =3$$

来表示。这是从 p.x 看见球的中心时的公式。球的中心在左侧就是−3，在右侧（仅按推杆的宽度右对齐）就是 3。请将这两个公式联合起来，作为联立方程式来求解。将$(x, y) = (0, -3)$与$(\mathrm{p.w}, 3)$这两个坐标代入 $y = ax + b$ 的联立方程式中，求系数。这样，就得到 $a = 6/\mathrm{p.w}, b =-3$，即

$$\mathrm{vx} = 6/\mathrm{p.w}\cdot x -3$$

在这里，代入

$$x = \mathrm{b.x} + \mathrm{b.d}/2 - \mathrm{p.x}$$

则

$$\mathrm{vx} = 6\,(\mathrm{b.x} + \mathrm{b.d}/2 - \mathrm{p.x})/\mathrm{p.w} - 3$$

用程序来写的话，就是

```
ball.vx = int(6 * (ball.x + ball.d/2 - paddle.x) / paddle.w) - 3
```

当用“数学方式”表示物理模型时，可以画图，也可以写出关系式的“定义”，将自己想象的游戏世界“写下来”。

另外，关于为什么想得到 2，结果却是 3 的问题，如果以小数点后舍去为前提进行图示，就可以理解了。如果 vx 是实数而不是整数，则会出现另一个表达式，请大家思考一下。

4.4 内部状态的扩展

本章的练习题只有一个，即练习题 4.1，目标是完成游戏。在以后的例题中，将对练习题 4.1 的解答示例程序（ex04-blocks. py）中的代码加以说明。

设置砖块的硬度。

这个条件要如何表现呢？

所谓“砖块的硬度”，可以写成“为了消除砖块，需要球撞击 2 次、3 次等”。

问题是“如何用层序实现它”。

“需要球撞击 3 次才消除的硬度的砖块”，当球撞击 1 次后，就变成“球撞击 2 次才消除的硬度的砖块”。再撞击 1 次后，则变成“球撞击 1 次就消除的硬度的砖块”。

这么一想，就能得出“再被球撞击几次就会被消除，或者只要有计数器就可以”的答案。希望大家能够做到在没有提示的情况下就能得出这个答案。

于是，就有了制作“倒计时”的“计数器”的想法。如何命名好呢？如果叫作“倒计时”，不知道是“什么的倒计时”啊。如果还有其他需要“倒计时”的要素，就容易弄错，所以避免用这个名称。如果叫作“被消除”→“被破坏”，可以采用 break counter（直到被破坏为止的计数器）来避免混淆（也许还有更好的名字）。因此，给表示“砖块”的对象加上 bc（break counter）属性。

程序 4.6　ex04-blocks.py（在 Block 类里添加 break counter）

```
@dataclass
class Block:
    id: int
    x: int
    y: int
    w: int
    h: int
    bc:int                    # 硬度的计数器
    c: str
```

现在，砖块中加上了 bc 属性，也会在必要的部分加上 bc 属性的处理。

特别是“消除砖块”部分需要这个处理。

程序 4.7　ex04-blocks.py（改变硬度）

```
# 球的 x 位置在砖块的范围内，球的 y 位置在砖块的范围内
if (block.x < ball.x + ball.d/2 < block.x + block.w \
    and  (block.y   <=   ball.y   <=   block.y   +   block.h
        or block.y <= ball.y + ball.d <= block.y + block.h)):
    ball.vy = -ball.vy
    block.bc -= 1
    if block.bc == 0:                    # 硬度余量为 0
    delete_block(block)
    blocks.remove(block)
```

在球碰到砖块时的处理部分加上“倒计时”[①]的处理和“如果倒计时的计数器为 0”这一 if 语句。

例题 4.3　显示成绩

写出“显示成绩”的程序。

“成绩”是玩游戏的人作为“目标”的重要因素。有没有人为了“高分”，晚上一直埋头于游戏，结果早上起不来，迟到了呢？不，不是问你，而是问你是不是有这样的朋友。

要想让“游戏”充满魅力，就需要巧妙地设定这样一种游戏世界：完成“难度适中”的任务，就能获得“高分”。然而，这里考虑的不是如何“设计游戏世界”，而是“如何具体编程”，所以那一部分就暂且不考虑。

1. 每次碰到砖块，“得分”都会加到“成绩”里。
2. “成绩”总是显示在游戏画面内。

下面试着对这两个项目进行编程。既然要在“游戏世界”中引入“成绩”概念，就需要表示“成绩”的变量。

为此，在设置初始状态的部分追加如下代码行。

程序 4.8　ex04-blocks.py（成绩的初始设置）

```
# 初始状态的设置
score = 0
ADD_SCORE = 10
```

① 在 C 和 Java 等语言中有“递减（两个负号）”运算符，但 Python 中没有，要注意。

在这里，把成绩写成score，把每次击中获得的分数写成ADD_SCORE。如果“成绩的加法运算”有其他规则，可以考虑通过计算来求出ADD_SCORE编写的函数。

那么，score是小写的，为什么ADD_SCORE是大写的呢？Python没有区分常数和非常数变量的功能。为此，习惯上把作为“固定值”来使用的变量用大写字母来表示。也就是说，score是随游戏的进行而变化的“变量”，ADD_SCORE是作为“固定值”而加的分数，为了区分它们，所以分别用小写字母和大写字母来表示。

在程序中，变量的“初始化”等尽可能集中在一个地方[①]。集中在一个地方的话，更改固定值等操作会很容易，编辑也方便。从这个意义上来说，可以认为提高了程序的可维护性。

“每次击中砖块都会增加‘得分’”这一处理，是“球击中砖块”时的处理部分，因此为score加上ADD_SCORE 。

程序 4.9　ex04-blocks.py（加分）

```
if ... :                          # 当球击中砖块时
    score += ADD_SCORE            # 成绩加上 ADD_SCORE
    block.bc -= 1                 # 倒计时
```

这里，在对bc进行倒计时处理之前写了1行用于加分的代码。

如果想要改变“加分”的方法，就更改这行

```
score += ADD_SCORE
```

代码。

要显示成绩，在显示“Press 'Space' to start”之前加入如下代码。

程序 4.10　ex04-blocks.py（显示成绩）

```
id_score = canvas.create_text(10, 10, text=("score;" + str(score)),
                              font=("FixedSys",16),
                              justify="left", anchor=NW)
```

这里的justify = "left" 是“左对齐”的意思。另外，anchor表示字符串的“哪个位置”与指定坐标对齐。如果不指定，就是CENTER（图4.6）。

① 不仅仅是初始化变量，在与其他功能定义密切相关时，也有在离相关程序比较近的地方进行定义的情况。重要的是要随机应变，总之写的程序要“易懂、易读”。

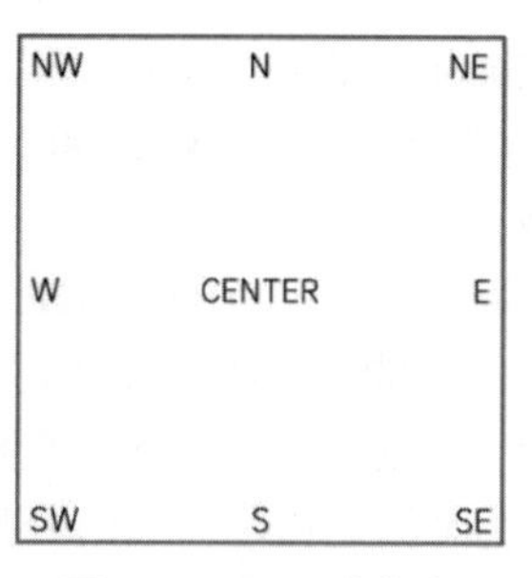

图 4.6 Anchor 的指定

N、E、S、W 分别表示 north、east、south、west，即北、东、南、西。程序 4.10 的 NW 是北西，即左上角坐标指定为(x,y)=(10,10)。这样一来就能“显示”成绩了。

接下来，当成绩被“更新”时，也要显示更新后的成绩。

程序 4.11　ex04-blocks.py（成绩的更新显示）

```
if ... :                            # 当球击中砖块时
    score += ADD_SCORE              # 成绩加上 ADD_SCORE
    canvas.itemconfigure(id_score, text="score:" + str(score))
    block.bc -= 1                   # 倒计时
```

canvas.itemconfigure 会更新经过 1 次绘制的 Canvas 上的元素的“属性”。还可以改变 x 坐标、y 坐标和颜色等，这里通过更新文本来更新成绩的显示。

例题 4.4　奖励道具和敌人的掉落

编写一下“道具和敌人等从上面掉下来”的程序。

游戏的设定之一是“有东西从上面掉下来”。掉落的东西可能是用来组装什么的零件，也可能是通过左右移动“摆”好它来消除相同颜色的元素，不同的游戏有不同的种类和设定。

在这个例题的游戏中，把掉下来的“东西”进行如下设置。掌握了方法之后，请大家自由地思考怎么设置。

1. 在画面的上方随机发生。
2. 以一定的速度掉落，到画面下方则消失。
3. 如果是“道具”，用“推杆”接住了则“加分”。
4. 如果是“敌人”，碰到“推杆”则“游戏结束”。

“道具”和“敌人”的区别就是碰到推杆时的处理。无论哪个都是在画面上方发生的，所以这里只举“敌人”的例子。

“敌人”的出现是在游戏进行过程中，不过，和砖块等一样，在一开始进行定义，根据需要作为“敌人”出现。在这里，“spear（矛）”从上面掉下来。

程序 4.12　ex04-blocks.py（矛的函数）

```
@dataclass
class Spear:
    id: int
    x: int
    y: int
    w: int
    h: int
    vy:int
    c: str
# --------
# spear
# 矛的绘制和定义
def make_spear(x, y, w=1, h=40, vy=5, c="red"):
    id = canvas.create_rectangle(x, y, x + w, y + h,
                                 fill=c, outline=c)
    return Spear(id, x, y, w, h, vy, c)

# 消除矛
def delete_spear(spear):
    canvas.delete(spear.id)

# 矛的移动（上下）
def move_spear(spear):
    spear.y += spear.vy

# 矛的重绘
def redraw_spear(spear):
    canvas.coords(spear.id, spear.x, spear.y,
                  spear.x + spear.w, spear.y + spear.h)
```

另外，初始化部分加了如下 1 行代码：

```
spear = None
```

如果画面上什么都没有出现，则给变量 spear 分配一个 None 值表示“什么都没有”。当画面上出现了矛时，则分配一个表示该矛的对象。

在循环处理中，与球和推杆等一样，添加如下描述。

程序 4.13　ex04-blocks.py（矛的更新）

```
move_paddle(paddle)             # 推杆的移动
move_ball(ball)                 # 球的移动
if spear: move_spear(spear)     # 矛的掉落
    ⋮
redraw_paddle(paddle)           # 推杆的重绘
redraw_ball(ball)               # 球的重绘
if spear: redraw_spear(spear) # 矛的重绘
```

“if spear:”表示“如果 spear 不为 None”这一条件。把 if语句写到 1 行里。

这是判断对象是否存在并进行处理时常用的写法。

让矛以“1%的概率”发生。即使只有 1%，1 秒也会进行 100 次绘图更新，所以频率还是相当高的。这方面的数字请实际运行后再调整[①]。

程序 4.14　ex04-blocks.py（矛的更新）

```
if spear==None and random.randam() < 0.01:   # 以 1% 的概率发生
    spear = make_spear(random.randint(100, 700), 10)
if spear and spear.y + spear.h >= 600:        # 消除的部分
    delete_spear(spear)
    spear = None
```

那么，矛碰到推杆时游戏结束的部分如下。

程序 4.15　ex04-blocks.py（矛碰到推杆）

```
if ball.y + ball.d + ball.vy >= 600: # 跑到下面去了
    canvas.create_text(400, 200, text="Game Over!",
                       font=('FixedSys', 16))
    break
if spear:
    if (paddle.x <= spear.x <= paddle.x + paddle.w \
        and  spear.y + spear.h >= paddle.y \
        and spear.y <= paddle.y + paddle.h):
        redraw_paddle(paddle)
        redraw_spear(spear)
        canvas.create_text(400, 200, text="Game Over!",
                           font=('FixedSys', 16))
        break
```

---

① 为了便于调整，程序 4.14 的第一行的 0.01 这个数字也可以作为“固定值”来定义。

与球“跑到下面去了”时的处理放在一起，容易修改。

对于“Game Over!”的显示，一不小心就会“复制粘贴”（因为输入很麻烦……）。如果就这样不管，会怎么样呢？当想要改动“Game Over!”的显示位置时，必须修改两个地方。这就违反了第 0 章中写的

Don't repeat yourself.

这一原则了。“想要修改什么的时候，只要修改一处就可以了”，做到这一点很重要。为此，我们创建一个 game_over 函数，然后调用它。不要轻易“复制粘贴”[①]。

程序 4.16　ex04-blocks.py（把 Game Over! 的显示部分编写为函数）

```
def game_over():
    canvas.create_text(400, 200, text="Game Over!",
                            font=('FixedSys', 16))
    ⋮
    中间省略
# 主要的循环处理部分
    ⋮
    if ball.y + ball.d + ball.vy >= 600: # 跑到下面去了
        game_over()
        break

    if spear:
        if (paddle.x <= spear.x <= paddle.x + paddle.w \
            and spear.y + spear.h >= paddle.y \
            and spear.y <= paddle.y + paddle.h):
            redraw_paddle(paddle)
            redraw_spear(spear)
            game_over()
            break
```

这样就清爽多了。你以为会有“多少”？还直接使用了整个游戏盘面的大小（x 最大为 800，y 最大为 600）。这样的话，当想要改变游戏盘面大小时，还需要修改好几个地方。

为此，我们做如下修改。

① 并不是说绝对不要这样做，而是“要考虑一下后果的严重性”。

程序 4.17 ex04-blocks.py（盘面大小）

```
tk = Tk()
tk.title("Game")

WALL_EAST = 800                 # 墙壁东侧最大值（X 最大）
WALL_SOUTH = 600                # 墙壁南侧最大值（Y 最大）

canvas = Canvas(tk, width=WALL_EAST, height=WALL_SOUTH, bd=0,
                highlightthickness=0)
canvas.pack()
    ⋮
BALL_X0 = WALL_EAST/2           # 球的初始位置（x）
    ⋮
PADDLE_X0 = WALL_EAST/2-50      # 推杆的初始位置（x）
PADDLE_Y0 = WALL_SOUTH-100      # 推杆的初始位置（y）
    ⋮
def game_over():
    canvas.create_text(WALL_EAST/2, 200, text="Game Over!",
                       font=('FixedSys', 16))
    ⋮
make_walls(0, 0, WALL_EAST, WALL_SOUTH)
    ⋮
# 等待按 Space 键
id_text = canvas.create_text(WALL_EAST/2, 200,
                             text="Press 'SPACE' to start",
                             font = ('FixedSys', 16))
    ⋮
    if ball.x + ball.d + ball.vx >= WALL_EAST:       # 右侧墙
        ball.vx = - ball.vx
    ⋮
    if ball.y + ball.d + ball.vy >= WALL_SOUTH:      # 跑到下面去了
        game_over()
        break
    ⋮
    if len(blocks) == 0:                 # 列表为空的另一种检查方法
        canvas.create_text(WALL_EAST/2, 200, text="Clear!",
                           font=('FixedSys', 16))
        break

    if spear==None and random.random() < 0.01:       # 以 1%的概率发生
        spear = make_spear(random.randint(100, WALL_EAST - 100), 10)
    if spear and spear.y + spear.h >= WALL_SOUTH:
        delete_spear(spear)
```

```
        spear = None
```

这样一来，在改变“游戏盘面大小”时，只要改变 WALL_EAST 和 WALL_SOUTH 就可以了。同样，球的大小和初始位置等与游戏进展相关的所有项目，用恰当的名称定义为“固定值”，只需变更其值就可以改变它们，这点很重要。只改变 WALL_SOUTH 的值，和把所有的 600 替换成 800，这两种做法哪个更辛苦？大家可以想象一下。另外，如果批量地一次性“把所有的 600 替换成 800”，就会出现将与盘面大小无关的 600 替换为 800 的问题。

这种关系到整个系统的“固定值”，最好在编写程序之前把它们都列出来。

练习题 4.1 作为游戏来完成它吧

添加其他功能，完成作为一个游戏该完成的内容吧。
（文件名：ex04-blocks.py[①]）

拓展问题 4.1 奖励道具的添加

编写程序，产生几种奖励道具，使其掉落，如果用推杆接住了它们，则按“奖励点”加分。

拓展问题 4.2 推杆长度的变化

编写程序，随着时间的推移，推杆会分阶段缩短。

4.5 总结 / 检查清单

总结

1. 在探讨游戏世界里的道具的动作时，可以利用图。
2. if 的逻辑判断有时采用嵌套结构会更容易理解。

① 这个程序列表也包含了后续的拓展问题的内容。

3．将“变化前”和“变化后”的状态画成图进行比较。
4．把“条件”用语言记录在注释里会更容易理解。
5．把可能在多个地方执行的“功能”编写为一个函数。
6．整体共通的“值”要加上名称作为变量。
7．在对物理模型进行编程时，用公式定义一个数值转换函数，并将其文档化。
8．在实现设计好的功能时，需要考虑应该加入什么样的变量定义。

检查清单

- 知道列表为空的判断方法了吧？
- 在 canvas.itemconfigure 方法中，可以改变属性。
- 在 Python 中，可以用“if A < B < C:”的写法。
- 请注意用 break 跳出的是哪个语句块。
- 知道使用 canvas.create_text 时的字符位置的调整方法吗？
- 知道从列表中删除元素的方法吗？
- Python 没有递增运算符或递减运算符。知道相同功能要如何编程吗？

专栏

编码规范

程序的写法和风格因人而异。特别是空格的添加方法、换行的方法、空白行的添加方法等，有时会体现出个性。在这种情况下，产生了一种“统一写法，无论谁写都能保持相同风格”的趋势，于是制定了“编码规范”。

大家都用相同的书写方式，程序代码变得容易阅读，也会“提高维护性”和“提高生产效率”等。这样一来，“加班时间变短”，“大家都很幸福”。

在 Python 中，在写这本书的时候，PEP 8 这一规范还被很多公司普遍使用。

例如，规定了如下规则：

- 缩进采用 4 个空字符。
- 缩进使用空格（也有规定用制表符的公司）。
- 在二元运算符之前和之后加空格。
- 括号前后不要加多余的空格。
- 函数和类之间有两个空白行，类内方法之间有一个空白行。
- 1 行不超过 80 个字符。

不过，这个规范里也写着以下内容：

过于拘泥于一贯性，是心胸狭窄的表现。

编码规范和追求“一贯性”都是为了让代码容易阅读。

但是，规范不是万能的，有时为了数据和处理的需要，按照规范来写反而会变得难读。没有理由地无视规范是不好的，但如果有理由（如在团队合作时，请领导判断等），应该灵活地考虑“更易读的写法”。

过分拘泥于规范，一味地责备某个特定的程序员，造成“公司内欺凌”的原因，与本来的“编码规范”所追求的“提高生产效率”是背道而驰的。应该先考虑规范的本质，然后再去遵守。

第2部分

面向对象编程练习

第5章

类与建模

第6章

聚合与多态

第7章

继承与重写

第8章

重构

第 5 章

类与建模

从第 5 章开始，将学习面向对象编程。在本章中，先脱离游戏制作，试着思考一下“数据”及其“行为”。

深入思考之前无意中写下的 @dataclass 和 class。

5.1 建模和对象

现在的计算机是不能直接处理现实世界中的问题的。当要处理某个现实世界中的问题时，需要把它转换成“计算机能理解的形式”后再传给计算机。这种操作就称为“建模（模型化）”。

建模最重要的操作是仔细观察对象，然后只选出重要的部分。例如，我们想象一下在扑克牌游戏中自动计算角色的程序。对程序来说，重要的部分是扑克牌的“花色（suit、♠等）”和“等级（rank、数字）”，相反地，除此以外的图案和卡片形状等对程序来说并不是很重要。我们把这种取舍操作称为“抽象化”，这在计算机科学中是非常重要的思考方式。

拿扑克牌来说，对于实际存在的扑克牌本身，程序是很难处理的，但如果是由“花色”和“等级”构成的“数据”，程序就很容易处理了。像“花色”和“等级”这种表示数据特征的东西，我们称为“属性”；像扑克牌的各个卡片这种以实体作为属性集合的东西，我们称为“对象”。之前我们笼统地称为“房子对象”“车对象”，因为是以高度、宽度、颜色等属性的集合来体现实际存在的“房子”，以大小、轮胎等属性的集合来体现实际存在的“车”，所以我们才把它们称为“房子对象”和“车对象”。

以编写打砖块游戏为例，到第 4 章为止，一直介绍的都是游戏中使用的“球”“推杆”“砖块”这些道具作为一组数据（也就是作为“对象”）是如何表现和使用的。那么在本章中，将进一步拓展这个方法，不仅可以进行“数据”的建模，还可以进行对象的“行为”的建模。我们把像这样以建模对象为中心来描述程序的方法，称为面向对象编程。它是近代主流编程方法之一。并且，在以 Python 为首的众多语言中都有促进面向对象编程的“对象系统”。

面向对象的方法、属性、实例的思路如图 5.1 所示。从下一节开始，再仔细看一下各个用语的意思和程序方法吧。

特别是通过“类”来处理“对象”的方法，被各种编程语言采用。

本章将介绍如何使用 Python 的类来处理（作为数据的）对象，而且还会涉及一些表示对象行为的“方法”的使用方法。

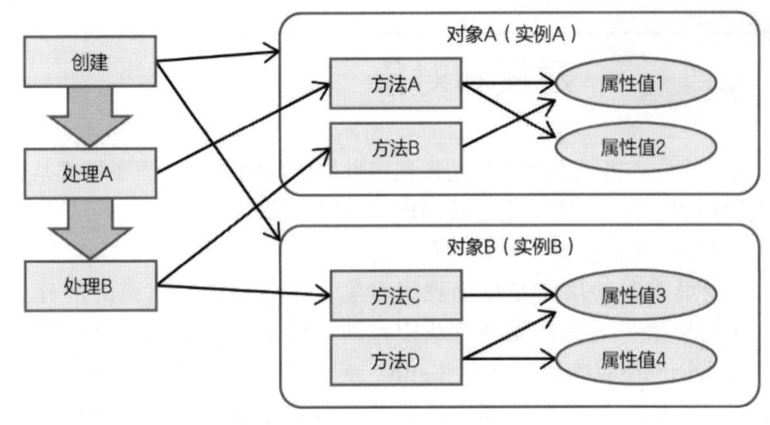

图 5.1　实例、方法和属性值

5.2　类

到目前为止，为了用 Python 表示“对象”，我们介绍了使用 @dataclass 的方法。例如，如果以扑克牌的“红桃 10”为对象来表示，就进行如下编程。

程序 5.1　用@dataclass 表示扑克牌的类

```
1  @dataclass
2  class Card:
3      suit: str
4      rank: int
5
6  card = Card("heart", 10)
7  print("{} 的 {}".format(card.suit, card.rank))        # 红桃 10
```

这就是使用 Python 的“类”来表示的。这里的“类”用来表示对象的“种类”，可以在程序上分别定义每个对象所具有的性质。在这个例子中，新建一个 Card 类表示扑克牌的卡片，就能够很容易地表示代表每一张卡片的对象了。

在程序 5.1 中，在从第 2 行的“class Card:”开始的语句块中，定义了名为 Card 的类[①]（图 5.2）。

① 在 Python 的编码规范中，类的名称以大写字母开头。2 个单词以上的类，每个单词都以大写字母开头且紧挨着写，如 CreditCard。

```
Python 3.7.2 Shell
Python 3.7.2 (v3.7.2:9a3ffc0492, Dec 24 2018, 02:44:43)
[Clang 6.0 (clang-600.0.57)] on darwin
Type "help", "copyright", "credits" or "license()" for more information.
>>> from dataclasses import dataclass
>>> @dataclass
class Card:
        suit: str
        rank: int


>>> card = Card("heart", 10)
>>> print("{} 的 {}".format(card.suit, card.rank))
heart 的 10
>>>
```

图 5.2　Card 类的引入

它前面写的 @dataclass 是什么呢？

这个以“@”（艾特）开头的声明被称为装饰器，它可以在类、函数和方法等之前声明。带装饰器的类、函数、方法会根据装饰器进行功能扩展。

通过在类的前面声明@dataclass，可以轻松声明类所具有的属性。如果不使用这个装饰器，则程序如下：

程序 5.2　无@dataclass 的类

```
class Card:
    pass


card = Card()
card.suit = "heart"
card.rank = 10
print("{}的{}".format(card.suit, card.rank))          # 红桃 10
```

类里面的 pass 表示“什么也不做”。也就是说，虽然创建了表示卡片的类，但是这个类不具有任何性质。

5.3　属性

在程序 5.2 中，新建了卡片的对象，定义了花色和等级的值作为属性。这种“类名 ()”的写法具有新建类的对象的含义。这里创建的东西在 Python 中也称为“对象”。

程序 5.2 中的

```
card = Card()
```

用于创建 Card 类的对象，赋值给 card 变量。要定义对象的属性，就写成“对象.属性名 = 值”。在 Python 中，把对象的属性直接称为“属性”。不过，也有的书中称为“实例变量”。如果不好理解的话，可以认为是“在对象中又定义了变量”。

这里写了“card.suit = "heart"”和“card.rank = 10”，所以卡片的花色属性的值就是 heart，等级属性的值就是 10。

而在程序 5.1 中写的是

```
card = Card("heart", 10)
```

当进行了@dataclass 声明时，如果执行

```
card = Card()
```

则显示

```
    TypeError: __init__() missing 2 required positional arguments:
'suit' and 'rank'
```

的错误信息。用@dataclass 声明的类，在创建对象时，必须赋予指定的属性值。这个错误信息的含义会在 5.7 节中讲解，这个指定很方便地避免了一不小心忘记设置属性值的情况。

5.4 方法

现在想一下显示扑克牌卡片的方法。属性值被放到了一个叫作 card 的“容器”里了，因此可以写一个方法来把“对象”传给参数，程序如下：

程序 5.3　显示扑克牌对象的方法

```
def print_card(card):
    print("{}的{}".format(card.suit, card.rank))
```

如此定义好函数后，就可以很简单地写出基于对象的处理。

程序 5.4　使用显示扑克牌对象的方法

```
card = Card()
card.suit = "heart"
card.rank = 10
print_card(card)
```

如果使用了类，就可以更容易地使用这些方法。

程序 5.5　显示扑克牌内容的方法

```
class Card:
    def print_card(card):
        suit = card.suit
        rank = card.rank
        print("{}的{}".format(suit, rank))
```

粗略地看，与程序 5.3 中的方法是一样的，但是程序 5.5 是在 Card 类的里面定义了方法。像这样在类的里面定义了“将对象传给参数的方法”后，就能够进行调用。

程序 5.6　显示扑克牌内容的调用方法

```
card = Card()
card.suit = "heart"
card.rank = 10

card.print_card()
```

执行这个程序，控制台就会显示“heart 10”。

像这样在类中定义了一个将对象作为第一个参数的方法后，能够以“对象.方法名()”的形式调用方法。在方法的定义中把对象作为了参数，但调用时的参数是省略了对象的，这一点要注意。方法定义了类所创建的对象的执行方法（即“行为”）。在 Python 中有一个习惯，就是用 self 作为方法的第一个参数名。另外，方法名 print_card 有点儿长，重新修改一下吧。

程序 5.7　扑克牌的 print 方法

```
1  class Card:
2      def print(self):
3          print("{}的{}".format(self.suit, self.rank))
4
5  card = Card()
6  card.suit = "heart"
7  card.rank = 10
8
9  card.print()
```

实际上，之前用到的“字符串.format()”和“列表.append()”也是方法。前者是字符串对象的方法，后者是列表对象的方法。

5.5 实例

从之前的例子来看，在 Card 类的定义中抽象地表达了“扑克牌卡片”。其中，用 card = Card()具体地“创建”了特定的卡片“红桃 10”。

到目前为止，“对象”和“实例”基本是相同的，但是“红桃 10”是“扑克牌卡片”的具体例子，这种由类创建的对象称为实例。

类和实例的关系如图 5.3 所示。类可以比作对象，即用来创建实例的模板（这里用鲷鱼烧形状表示）。在类里写下各实例应该具有的详细定义（鲷鱼烧的形状等）。在此基础上创建的、具有实际属性值的就是实例。基本上都有相同的图案，但是为了使烧出来的痕迹不同，各个实例都是独立的，可以拥有不同的属性值。当然就会出现里面放的是红豆还是奶油这种差异。

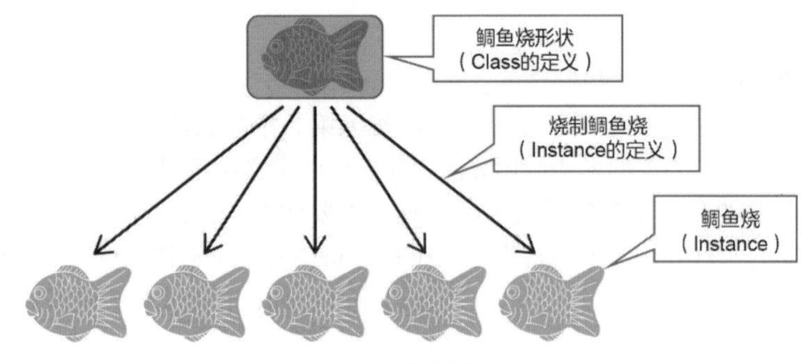

图 5.3 类和实例

程序 5.7 中出现的参数 self 是指处理该方法的实例本身。实例具有具体的值作为属性值。那就是“花色为红桃”“等级为 10”。

例题 5.1 球的信息显示

参考扑克牌的例子，创建一个 print 方法，显示 Ball 类对象的信息。

程序 5.8 显示球的信息的方法

```
1  @dataclass
2  class Ball:
3      x: int
4      y: int
```

```
5         d: int
6
7         def print(self):
8             print("pos=({},{}), diameter={}".
9                 format(self.x, self.y, self.d))
10
11    ball = Ball(100, 200, 10)
12    ball.print()
```

稍微插播一下“打砖块游戏”的话题。说一下显示对象信息这一基本的方法声明。

在方法的声明中，我们不仅不要忘了传递参数 self，而且要习惯于这种使用方法。

5.6 获取参数的方法

请看下面的例子。

程序 5.9 获取参数的方法

```
1     @dataclass
2     class Card:
3         suit: str
4         rank: int
5
6         def print(self, count):
7             for x in range(count):
8                 print("{}的{}".format(self.suit, self.rank))
9
10    card = Card("heart", 10)
11    card.print(5)
```

在程序 5.9 中，把程序 5.7 稍微改动了一下，如“def print(self, count)”，追加了对象之外的参数。要调用它，需要从第 2 个参数开始把它们指定为实际参数，如“card.print(5)”。虽然调用时实际参数是 1 个，但却是“第 2 个参数”，这是因为第 1 个参数 self 是指实例本身。在从实例调用方法时，要时刻记着用“自己本身=self”作为第 1 个参数来传递。

例题 5.2 用方法实现球的移动

创建一个 move 方法，使 Ball 类的对象移动（dx、dy）。

程序 5.10 使球移动的方法

```
@dataclass
class Ball:
    x: int
    y: int
    d: int

    def print(self): ...      # 同前

    def move(self, dx, dy):
        self.x += dx          # 同 self.x = self.x + dx
        self.y += dy

ball = Ball(100, 200, 10)
ball.move(200, 100)
ball.print()
```

作为参数传递的是移动量 dx 和 dy。在方法的声明中，首先把 self 作为第 1 个参数，之后是 dx、dy。在通过调用方法指示对象“要做哪些工作”时，要考虑都需要哪些信息，把这些信息作为参数传递。方法调用端只传递必要的 parameter（参数）。

5.7 构造函数

在卡片的数据建模的例子中定义了属性。

程序 5.11 属性值的定义

```
@dataclass
class Ball:
    suit: str
    rank: int
```

此时在 card 实例的创建中输入

```
card = Card()
```

后报错，显示如下错误信息：

```
TypeError: __init__() missing 2 required positional arguments: 'suit'
and 'rank'
```

这里显示的__init__实际上是一个被称为构造函数的特殊的方法。

在不使用@dataclass 的情况下，如果像下面这样编写程序，则会执行与用@dataclass 定义的情况相同的处理。

程序 5.12　卡片类的构造函数

```
class Card:
    def __init__(self, suit, rank):
        self.suit = suit
        self.rank = rank

card = Card("heart", 10)
```

在定义方法时，如果使用了__init__，那么，当从类创建实例时就会将属性值作为参数传递[①]。

这个名为__init__的方法，是用于获取“类名()”中指定的参数的一种特殊方法。与其他方法一样，第一个参数是对象本身（self），其后是指定实例生成时的参数。这种具有创建实例功能的方法称为“构造函数”（constructor）。如果活用构造函数，能在创建实例的同时设置属性值，因此不仅提高了程序的易读性，而且减少了忘记设置属性值的错误情况的发生。

实际上，装饰器@dataclass 是通过仅罗列属性值的名称和“类型”来创建构造函数的。因此，尽管构造函数并没有写成__init__，仍显示了错误信息“没有设置该传给构造函数的属性值（suit 和 rank）”。

这里讲的例子总结起来如下：

程序 5.13　扑克牌类的实现

```
1  class Card:
2      def __init__ (self, suit, rank):
3          self.suit = suit
4          self.rank = rank
5
6      def print(self):
```

① 也许看不太出来，是在 init 前后各加了两个“_”（下划线）。还有其他的方法也是这种带有两个下划线的，请记住这个写法。

```
7           print("{}的{}".format(self.suit, self.rank))
8
9   card = Card("heart", 10)
10  card.print()
11
12  # 也可以只写成这样
13  Card("heart", 10).print()
```

从这个程序的写法可以看出，这个叫作Card的种类（类）的对象具有以下性质：

- 作为数据，具有suit、rank两个属性。
- 能用构造函数创建对象。
- 定义了print作为其行为。

例题5.3 球的构造函数

以扑克牌的例子为参考，创建__init__方法来初始化并生成Ball类的实例。

程序5.14 球类的实现

```
# class 球的定义
class Ball:
    def __init__(self, x, y, d):
        self.x = x
        self.y = y
        self.d = d

    def print(self):  ...        # 同前

    def move(self, dx, dy): ... # 同前
ball = Ball(100, 200, 10)
ball.move(200, 100)
ball.print()
```

在构造函数内写的x是指参数x。如果要表示属性值的x，则需写成self.x。非构造函数的方法中也是如此。

练习题 5.1 房子类的定义

把第 1 章的例题 1.3 的程序，以不使用@dataclass 的类定义的形式来写一下吧。还要定义合适的构造函数。

（1）考虑用宽、高、屋顶颜色、墙壁颜色这 4 个属性来给“房子”建模。要做到能够使用类创建表示“房子”的对象。类名为 House，要求使用__init__方法。

（2）创建 draw 方法把“房子”对象画到 Canvas 上，显示几所房子。

（3）考虑表 5.1 所列的“4 所房子”。

（a）使用房子对象和 Python 的列表，用 Python 程序来实现表 5.1 所列的“4 所房子”。

（b）编写在 Canvas 上显示“4 所房子”的程序。

（文件名：ex05-houses.py）

表 5.1　4 所房子

属性	房子 1	房子 2	房子 3	房子 4
宽	50	100	70	50
高	100	70	120	50
颜色（屋顶）	"green"	"blue"	"blue"	"red"
颜色（墙壁）	"white"	"grey"	"white"	"orange"

最终（3）的程序的大致形式如程序 5.15 所示。

程序 5.15　4 所房子程序的大致形式

```
from tkinter import *

class House:
    def __init__(self, w, h, roof_color, wall_color):
        # 进行属性的设置
    def draw(self, x, y):
        ...
        canvas.create...
        canvas.create...
        # 在 Canvas 上画自己本身。把(x,y)作为房子的左上坐标

tk=Tk()
canvas = Canvas(tk, width=500, height=400, bd=0)
canvas.pack()
```

```
houses = [
    House(50, 100, "green", "white"),
    ...
    ]

x = 0
y = 100
PAD = 10

for house in houses:
    house.draw(x, y)
    x = x + house.w + PAD
```

练习题 5.2 车类的定义

参考第 1 章的练习题 1.1，以不使用@dataclass 的类定义的形式从类中创建表示“车”的对象。还要定义合适的构造函数。类名为 Car。

过程与练习题 5.1 相同，用对象实现外观不同的 4 辆车，显示在 Canvas 上（图 5.4）。为了在 Canvas 上显示车，在 Car 类中创建 draw 方法。

（文件名：ex05-cars.py）

图 5.4　Car 类的 4 辆车

练习题 5.3 球类的导入

制作球碰到墙壁反弹的动画。球的移动和绘制作为类的方法来定义。思路与第 2 章中提到的球的动画相同。

（文件名：ex05-bounce.py）

程序 5.16 是球类程序的大致形式。函数 create_ball 就是第 4 章中用到的 make_ball。我们来复习一下，这个函数在各行做的处理如下：

1．在 Canvas 上初始化球的图形，取得其 id。
2．生成 Ball 类的一个对象，传递当时取得的 id。
3．返回生成的球对象。

在用 redraw 方法把球画到 Canvas 上时需要 id。

这个练习题可能有点儿难，但只要把例题 2.3 中的 redraw_ball 函数换成 Ball 类的 redraw 方法基本上就可以完成了。我们已经知道了 Ball 类的构造函数和 move 方法的创建方法，这样，“打砖块游戏”的面向对象编程就准备好了。

程序 5.16　Ball 类程序的大致形式

```
from tkinter import *
import time

DURATION = 0.01

class Ball:
    def __init__(...):
        # 在创建 Ball 对象时定义属性

    def move(self):
        # 移动

    def redraw(self):
        # 在 Canvas 上绘制

    def create_ball(x, y, d, dx, dy):
        id = canvas.create_rectangle(0, 0, 0, 0, fill="black")
        ball = Ball(id, x, y, d, dx, dy)
        return ball

tk=Tk()
canvas = Canvas(tk, width=500, height=400, bd=0)
canvas.pack()

ball = create_ball(100, 100, 10, 3, 2)      # 创建一个球对象
...
# 以下是主程序
while True:
```

```
    ...
    tk.update()
    time.sleep(DURATION)
```

练习题 5.4 多个实例和循环处理

利用练习题 5.3 中的 Ball 类，制作多个球的触壁反弹动画。（文件名：ex05-bounce-many.py）

5.8 总结 / 检查清单

总结

1. 把现实世界的问题编写成计算机能处理的形式，就叫作建模。
2. 被模型化并作为“属性集合”来表现的，就叫作对象。
3. 以建模的对象为中心来编写程序，就叫作面向对象编程。
4. 类用于用编程方式表示对象。
5. 把对象抽象化定义，就是类；把类具体化，就是实例。
6. 实例具有的属性（attribute）有时称为实例变量。
7. 对象具有的功能在函数中体现，称为方法。
8. 方法定义了对象的行为。
9. 创建类的实例的函数称为构造函数。

检查清单

- 作为惯例，类名的写法是怎样的？
- 在编写程序阶段，如何编写“什么都不做”？
- 在类的方法中，调用的实例本身是如何体现的？
- 是否了解构造函数的写法？

专栏

C 语言的结构体

在面向对象语言普及之前，要想模型化计算机处理的数据是很花费功夫的。比如C语言，作为描述UNIX（Linux的原始操作系统）的语言，在20世纪70年代前半期被开发出来，并被普及使用。在C语言中，有一种数据类型叫作结构体。

程序 5.17　C 语言的结构体

```
struct student_st{
    int number;                         // 编号
    char name[32];                      // 姓名
    int ent_year;                       // 入学年份
};                                      // 学生结构体的定义
struct student_st student[3] = {
    {180001, "坂本龙太", 2018},
    {180002, "伊藤博之", 2017},
    {180101, "远藤勇", 2018},
};                                      // 结构体的数组，定义了学生数据
student_number = student[1].number; // 读取伊藤博之的学号
```

像这样，在结构体中把学生这一对象模型化，把 3 名学生作为数据来表示。C语言的数组就是Python里的列表数据。

以C语言为基础在20世纪80年代设计的C++面向对象语言里，也能使用结构体，但是那些被模型化了的数据就已经作为类的成员变量来处理了。在之后开发出来的 Java 语言中，结构体没有了，从一开始就对作为类的成员变量数据化的对象进行建模。

在面向对象语言中，一般都是把要进行模型化的数据的变量作为类的成员来定义的。

特别是有的面向对象机制，方法也能作为类成员进行建模，因此给数据结合固有的处理就变得简单起来。通过定义类，再作为类成员定义属性和方法，就减少了疏忽造成的错误。

第 6 章

聚合与多态

在第 4 章中，我们已经在某种程度上完成了一个成形的“打砖块游戏”。并且，在第 5 章中引入了面向对象编程的“类”。

在本章中，我们把之前完成的“打砖块游戏”按面向对象编程的风格重新编写一下，也许，从零开始重新编写反而更快。

6.1 导入对象的准备

在导入对象的准备阶段，将功能上可以归纳的内容形成一个函数，包括主程序。

看一下练习题 5.3。

制作球碰到墙壁反弹的动画。球的移动和绘制作为类的方法来定义。思路与第 2 章中提到的球的动画相同。

（文件名：ex05-bounce.py）

将 ex05-bounce.py 进行如下修改：

程序 6.1　06-ex0-ball.py

```
1   # Python 游戏编程：第 6 章
2   # 6.1 导入对象的准备
3   # ------------------
4   # 程序名：06-ex0-ball.py
5   
6   from tkinter import *
7   from dataclasses import dataclass
8   import time
9   
10  # 常量
11  DURATION = 0.01
12  LEFT, RIGHT, TOP, BOTTOM = (100, 400, 100, 300)
13  
14  @dataclass
15  class Ball:
16      id: int
17      x: int
18      y: int
19      d: int
20      dx: int
21      dy: int
22      c: str = "black"            # 将属性的默认值设为"black"
23  
24      def move(self):             # 移动
25          self.x += self.dx
26          self.y += self.dy
27  
```

```
28      def redraw(self):          # 在 Canvas 上绘制
29          canvas.coords(self.id, self.x, self.y,
30                        self.x + self.d, self.y + self.d)
31
32  def create_ball(x, y, d, dx, dy): # 创建球
33      id = canvas.create_rectangle(0, 0, 0, 0, fill="black")
34      ball = Ball(id, x, y, d, dx, dy)
35      return ball
36
37  def make_walls(ox, oy, width, height):
38      canvas.create_rectangle(ox, oy, ox + width, oy + height)
39
40  def check_wall(ball):          # 碰到墙壁反弹
41      if ball.x + ball.dx <= LEFT or ball.x + ball.d + ball.dx >= RIGHT:
42          ball.dx = -ball.dx
43      if ball.y + ball.dy <= TOP or ball.y + ball.d + ball.dy >= BOTTOM:
44          ball.dy = -ball.dy
45
46  def animate(ball):
47      while True:
48          ball.move()
49          check_wall(ball)
50          ball.redraw()
51          tk.update()
52          time.sleep(DURATION)
53
54  # 绘制的准备
55  tk=Tk()
56  canvas = Canvas(tk, width=500, height=400, bd=0)
57  canvas.pack()
58
59  # 初始化
60  make_walls(LEFT, TOP, RIGHT - LEFT, BOTTOM - TOP)
61
62  ball = create_ball(100, 100, 10, 3, 2)
63
64  # 主程序
65  animate(ball)
```

在程序 6.1 中，第 15 ~ 30 行是类的定义，第 32 ~ 52 行是函数的定义。这些行都是定义，所以在被引用之前不会被执行。在这个程序中，执行完第 11 行和第 12 行之后，接下来执行的是第 55 行。

程序 6.1 中第 12 行的

```
LEFT, RIGHT, TOP, BOTTOM = (100, 400, 100, 300)
```

这种写法是把多个赋值放在 1 行里进行。从左（LEFT）向右进行赋值。在“=”的右侧（右边），可以把多个式子用逗号隔开并用括号括起来写成元组（tuple）。这个括号可以省略。这里，Python 的元组是把元素排列在一起作为数据处理的。在排列元素这一点上与列表相似，但它的元素值是不可更改的，也不能增加和删除。另外，也可以像下面这样用列表式进行多个赋值。

```
a_list = [100, 400, 100, 300]
LEFT, RIGHT, TOP, BOTTOM = a_list
```

在程序 6.1 中，定义了 animate 函数，从主程序中移除了无限循环。

接下来是关于函数的复习问答。create_ball、check_wall、animate 这 3 个函数，只有一个会返回值，是哪个呢？此外，另外两个函数为什么不会返回值呢？弄清楚一个函数或方法是否会返回值是非常必要的。

（答案）只有 create_ball 函数把创建的对象作为值返回给调用源。我们可以通过是否有 return 语句立即判断出来。

- create_ball 函数按照指定的参数创建一个 Ball 类的对象，将该对象返回给调用源。同时，还具有在 Canvas 上初始化该对象对应的图形的功能。
- check_wall 函数虽然不会返回值，但其具有判断墙壁与球是否接触，并让参数传过来的 ball 的速度反转的功能。也有一种做法是只将判断部分创建成函数。
- animate 函数也不会返回值，但调用它后会把球在箱子中移动的情况变成动画。

严格来讲，如果没有写 return，值 None 会自动返回调用源。None 在例题 4.4 中已经出现，是表示“什么都没有”的特别值。

球在墙壁上的反弹，还可以使用判断球是否与墙壁接触的函数（如果接触球则返回 True，否则返回 False），如下所示。

程序 6.2　True/False 的判断方法

```
def hit_wall(ball):
```

```
    return ball.x + ball.dx <= LEFT or ball.x + ball.d + ball.dx >= RIGHT

def animate(ball):
    ...
    if hit_wall(ball):
        ball.dx = -ball.dx
    ...
```

check_wall 函数的目的是使球的方向反转，而 hit_wall 函数的目的是判断有无接触，所以需要返回 True 或 False。

那么，在程序 6.1 中，我们很好地把球作为对象表现了出来。除此之外，还可以考虑哪些对象呢？在编写系统的过程中关于“把哪些做成对象”有好几个方法，并不存在唯一正确的答案。但是，在这里把弹回球的“墙壁”作为对象是很自然的。在之后的例题中，将四面墙壁合起来称为箱子（box），把它作为对象。

6.2 聚合与组合

在面向对象的编程中，把作为对象的问题和系统以对象为单位进行分解，并提供数据和行为。相反，也有将分解得很细的多个对象合并在一起，再定义成另一个对象的情况。这里我们来看一个例子。

例题 6.1 列表的操作

把整数 1、2、3 按这个顺序作为元素创建列表。用 3 种方法表示。

一个简单的方法是使用 Python 的列表。这里希望大家了解的是，其实 Python 的列表也是一个对象，它具有可以排列并添加物品的袋子（容器）功能。实际上，列表的对象可以用：

程序 6.3　列表的对象（1）

```
nums = [1, 2, 3]
```

来创建，也可以用构造函数来表示，如程序 6.4 和程序 6.5 所示。

程序 6.4　列表的对象（2）

```
nums = list((1, 2, 3))
print(nums)
```

程序 6.5 列表的对象（3）

```
nums = list()
nums.append(1)
nums.append(2)
nums.append(3)
print(nums)
```

也就是说，之前所说的“列表”是系统内置类 list 的对象。要合并作为元素的对象，仍然使用对象。

下面，我们将回到第 5 章中介绍的扑克牌的示例，看一下合并多个对象的例子。表示 3 张牌的对象可以这样写：

程序 6.6 06-ex0-card.py

```
1  from dataclasses import dataclass
2  
3  @dataclass
4  class Card:
5      suit: str
6      rank: int
7  
8      def print(self):
9          print("{}的{}".format(self.suit, self.rank))
10 
11 cards = [
12     Card("spade", 1),
13     Card("spade", 2),
14     Card("spade", 3)
15     ]
16 
17 for card in cards:
18     card.print()
```

例如，使用以上程序随机排列 3 张牌时可以这样写：

程序 6.7 06-ex0-shuffle.py

```
1  from dataclasses import dataclass
2  import random
3  
4  # 同程序 6.6 的第3~15行
5  
6  random.shuffle(cards)
```

```
7   for card in cards:
8       card.print()
```

通过第 6 行的 random.shuffle(cards)就能表示"把收集的 cards 的顺序打乱"。

下面的例题为了使扑克牌游戏更容易理解，所以使用对象进行组合。

例题 6.2 扑克牌和扑克牌表

考虑一组 52 张牌的单人扑克牌游戏的建模。要玩扑克牌游戏，就需要一个放置山牌（deck）和手牌（hand）[①]的扑克牌表，该如何定义呢？用 class 定义扑克牌表。再把制作扑克牌表的部分和作为手牌分发 5 张牌的部分记下来。

这里简单地把山牌和手牌都看作按顺序排列的（列表），然后创建一个对象，该对象的属性值是 deck 和 hand 列表对象。

程序 6.8 扑克牌表类

```
from dataclasses import dataclass
import random

@dataclass
class Card:
    ...                         # 参见之前的例子程序

class CardTable:
    def __init__(self):         # 扑克牌表的初始化
        self.deck = []
        self.hand = []

table = CardTable()
```

对象 table 表示还没有设置任何扑克牌的状态。那么，接下来就按下面的程序进行编写，变成可以开始游戏的状态吧。

程序 6.9 分配扑克牌

```
from dataclasses import dataclass
import random
```

① "山牌"是指以倒扣的形式堆在场上（玩家会翻）的牌，"手牌"是指玩家手里的牌。

```
@dataclass
class Card:
    ...                               # 参见前面的程序

class CardTable:
    ...                               # 参见前面的程序

def set_cards(deck): ...              # 后述的函数

table = CardTable()
set_cards(table.deck)
for x in range(5):
    card = table.deck.pop()           # 从山牌中取出一张牌
    table.hand.append(card)           # 添加到手牌中
for card in table.hand:               # 把手牌中的牌全部取出
    card.print()                      # 显示牌
```

在创建表对象 table 之后进行了以下 3 个处理：

1. 在 set_cards 中，设置 52 张牌混在山牌中。
2. 在第一个 for 语句中，从山牌的上面按顺序分配 5 张牌给玩家。
   （a）table.deck.pop() 减去山牌最上面的一张牌。
   （b）table.hand.append(...) 把它加到手牌的最后。
3. 第 2 个 for 语句用于显示手牌。

当没有参数时，pop 函数从列表的末尾取出一个数据，并从列表中删除该数据后作为返回值。set_cards 函数用于将一组 52 张牌设置到以参数形式传递的列表 deck 里进行洗牌。

程序 6.10　在山牌中准备扑克牌

```
def set_cards(deck):                            # 在山牌中设置所有扑克牌
    for suit in ["spade", "heart", "club", "diamond"]:
        for rank in range(1, 14):               # 返回 1～13 的整数，不包括 14
            deck.append(Card(suit, rank))
    random.shuffle(deck)
```

这个函数也将成为 CardTable 类的方法。把几个方法加到 CardTable 类中，汇总了程序。

程序 6.11　06-cards-2.py

```
1  # Python 游戏编程：第 6 章
2  # 例题 6.2 扑克牌和扑克牌表
```

```
3   # ------------------
4   # 程序名: 06-cards-2.py
5
6   from dataclasses import dataclass
7   import random
8
9   @dataclass
10  class Card:
11      suit: str
12      rank: int
13
14      def print(self):                    # 扑克牌的显示
15          print("{} 的 {}".format(self.suit, self.rank))
16
17  class CardTable:
18      def __init__(self):                 # 构造函数
19          self.deck = []
20          self.hand = []
21
22      def print_hand(self):
23          for card in self.hand:
24              card.print()
25
26      def set_cards(self):                # 在山牌中放入所有扑克牌
27          for suit in ["spade", "heart", "club", "diamond"]:
28              for rank in range(1, 14):   # 返回从1~13的整数，不包括14
29                  self.deck.append(Card(suit, rank))
30          random.shuffle(self.deck)
31
32      def deliver(self, n):
33          for x in range(n):
34              card = self.deck.pop()      # 从山牌中取出一张牌
35              self.hand.append(card)      # 添加到手牌中
36
37  # 主程序
38  table = CardTable()
39  table.set_cards()
40  table.deliver(5)
41  table.print_hand()
```

在这里，Card 类的实例列表被作为 CardTable 的属性。而且，即使是相同的 Card，“山牌中的扑克牌”（deck）和“手牌中的扑克牌”（hand），作为不同处理的数据被分开处理。

像这样，在一个类中加入另一个类的对象进行处理，叫作聚合（aggregation）。而如“汽车将发动机和车轮等不可缺少的构成要素融入其中”的这种形式叫作组合（composition）。

这样一来，就形成了以对象为中心来表现系统的面向对象编程风格。

6.3 事件处理方法

回到游戏制作的话题。首先，使用 6.2 节学习的对象的聚合，尝试表示“在箱子里移动的球”。

例题 6.3 箱子里的球

制作一个箱子，让多个球在里面移动。

程序 6.12 06-box-ball.py

```
1  # Python 游戏编程：第 6 章
2  # 例题 6.3 箱子里的球
3  # ------------------
4  # 程序名：06-box-ball.py
5
6  from tkinter import *
7  from dataclasses import dataclass
8  import time
9
10 @dataclass
11 class Ball:
12     id: int
13     x: int
14     y: int
15     d: int
16     dx: int
17     dy: int
18     c: str = "black"
19
20     def move(self):            # 移动球
21         self.x += self.dx
```

```
22          self.y += self.dy
23
24      def redraw(self):          # 球的重绘
25          canvas.coords(self.id, self.x, self.y,
26                        self.x + self.d, self.y + self.d)
27
28  # 游戏环境的 Box
29  class Box:
30      def __init__ (self, x, y, w, h, duration): # 构造函数
31          self.west, self.north = (x, y)
32          self.east, self.south = (x + w, y + h)
33          self.balls = []
34          self.duration = duration
35
36      def create_ball(self, x, y, d, dx, dy): # 创建球
37          id = canvas.create_oval(x, y, x + d, y + d, fill="black")
38          return Ball(id, x, y, d, dx, dy)
39
40      def make_walls(self):
41          canvas.create_rectangle(self.west,   self.north,
42                                  self.east, self.south)
43
44      def check_wall(self, ball):       # 确认与墙壁的碰撞
45          if ball.x + ball.dx <= self.west \
46              or ball.x + ball.d + ball.dx >= self.east:
47               ball.dx = -ball.dx
48          if ball.y + ball.dy < self.north \
49              or ball.y + ball.d + ball.dy >= self.south:
50               ball.dy = -ball.dy
51
52      def set_balls(self, n):           # 创建球，生成列表
53          for x in range(n):
54              ball = self.create_ball(self.west + 10*x,
55                                      self.north + 20*x + 10,
56                                      2*x + 10, 10, 10)
57              self.balls.append(ball)
58
59      def animate(self):
60          while True:
```

```
61              for ball in self.balls:
62                  ball.move() # 球的移动
63                  self.check_wall(ball) # 确认与墙壁的碰撞
64                  ball.redraw() # 重绘
65              time.sleep(self.duration)
66              tk.update()
67
68  # 绘制的准备
69  tk=Tk()
70  canvas = Canvas(tk, width=500, height=400, bd=0)
71  canvas.pack()
72
73  # 主程序
74  box = Box(100, 100, 300, 200, 0.05)
75  box.make_walls()
76  box.set_balls(5)
77  box.animate()
```

程序 6.12 与程序 6.1 非常相似。通过组合，Box 类中纳入了 Ball 类的对象。请大家比较一下哪里不一样。

下面给大家介绍一下将事件通知给对象的方法。如我们在第 3 章中所看到的，“对应键盘输入等来移动推杆”的处理就是通过检测事件并关联到与其对应的事件处理程序来进行的。下面举的例子就是一个检测到“↑”键被按下，将推杆的方向改为向上，使其向上方移动的例子。请回忆一下例题 3.1。

程序 6.13 事件处理程序

```
paddle = create_paddle(...)
paddle_v  = 2
def up_paddle(event):
    paddle["vy"] = - paddle_v

canvas.bind_all('<KeyPress-Up>', up_paddle)
```

如上所述，以往都是将事件处理程序定义为函数，将其与事件绑定并定义，从而实现事件处理。但是，请大家看一下下面的例题。

例题 6.4 在事件处理中增加球

在例题 6.4 中，按下 Space 键后箱子里的球就会增加。

程序 6.14 06–box–ball–2.py（变更部分）

```
1   # Python 游戏编程: 第 6 章
2   # 例题 6.4 在事件处理中增加球
3   # -----------------
4   # 程序名: 06-box-ball-2.py
5
6   from tkinter import *
7   from dataclasses import dataclass
8   import time
9
10  @dataclass
11  class Ball:
12      # 与程序 6.12 相同
13
14  # 游戏环境的 Box
15  class Box:
16      def __init__(self, x, y, w, h, duration): # 构造函数
17          self.west, self.north = (x, y)
18          self.east, self.south = (x + w, y + h)
19          self.h = h
20          self.balls = []
21          self.duration = duration
22
23      def create_ball(self, x, y, d, dx, dy):
24          # 与程序 6.12 相同
25
26      def make_walls(self):
27          # 与程序 6.12 相同
28
29      def check_wall(self, ball):
30          # 与程序 6.12 相同
31
32      def set_balls(self, n):
33          # 与程序 6.12 相同
34
35      def animate(self):
36
```

```
37        # 与程序 6.12 相同
38    def on_press_space(self, event):
39        self.balls.append(
40            self.create_ball(
41                self.west, (self.north + self.h)/2, 10, 10, 10
42            )
43        )
44
45 # 绘制的准备
46 # 与程序 6.12 相同
47
48 # 主程序
49 box = Box(100, 100, 300, 200, 0.05)
50 box.make_walls()
51 canvas.bind_all("<KeyPress-space>", box.on_press_space)
52 box.set_balls(5)
53 box.animate()
```

在程序6.14中，第38～43行将“增加球”的方法定义到了Box类中。然后用第51行的bind_all函数把键盘事件与这个方法关联起来。

如这个例子所示，可以将事件与拥有对象的方法关联起来，而不是与函数关联。也就是说，我们可以写成系统一旦感知到事件，就启动初始化对象中定义的事件处理程序（这里是“让box对象启动on_press_space方法”）。

6.4 多态

接下来介绍一个比前面稍微有难度一点的话题——“多态”的思路。首先看一下程序。

例题 6.5 不同种类的图形的面积显示

长方形类和圆形类的对象的面积都用相同的属性（area）来显示。

程序 6.15 06-area.py

```
1 # Python 游戏编程：第 6 章
2 # 例题 6.5 Polymorphism
3 # -----------------
```

```
4   # 程序名: 06-area.py
5
6   class Rectangle:
7       def __init__(self, width, height):
8           self.width = width
9           self.height = height
10          self.area = width * height
11
12  class Circle:
13      def __init__(self, radius):
14          self.radius = radius
15          self.area = 3.14 * radius * radius
16
17  shapes = [Rectangle(3, 4), Circle(5)]
18  for shape in shapes:
19      print("面积: {}".format(shape.area))
```

执行此程序的话，“边长分别为 3、4 的长方形（Rectangle(3, 4)）”和“半径为 5 的圆形（Circle(5)）”的面积将分别被显示出来。

变量 shapes 的列表中分别存储了一个 Rectangle 类的对象和一个 Circle 类的对象。它们是不同类的对象，所具有的属性也不一样，但都具有表示面积的 area 属性。

与对象本来的类无关，只要各个对象具有共同的属性和方法，程序就可以对其属性进行同样的处理。在这个例子中，各个对象都具有表示面积的属性 area，所以即使是长方形或圆形等不同的对象，也都可以用“shap.area”这样的写法来提取面积属性。

像这样，在不同的类中引入具有相同概念的同名属性，使程序可以用相同的写法来处理它们，叫作“多态（polymorphism）”或“多态性”。例如，在程序 6.15 中，具有“长方形”和“圆形”不同性质的两个对象，都用了同一种写法提取“面积”这一共同属性。

多态是一种非常强大的机制，不用管对象的具体内容就能抽象地进行处理，不过在适应之前可能会觉得有点难。稍后大家可以自己练习一下，在编写两个以上的类时，试着考虑一下“各自共同的性质是什么”，试着把它们定义为名称相同的属性和方法。

顺便说一下，在程序 6.15 中，没有使用@dataclass，而是写了一个构造函数。同样，如果用@dataclass 重新编写这个程序，则如下所示。

程序 6.16　06-area-1.py

```
1   # Python 游戏编程：第 6 章
2   # 例题 6.5 Polymorphism
3   # ------------------
4   # 程序名：06-area-1.py
5
6   from dataclasses import dataclass, field
7
8   @dataclass
9   class Rectangle:
10      width: float
11      height: float
12      area: float = field(init=False)
13      def __post_init__(self):
14          self.area = self.width * self.height
15
16  @dataclass
17  class Circle:
18      radius: float
19      area: float = field(init=False)
20      def __post_init__(self):
21          self.area = 3.14 * self.radius * self.radius
22
23  shapes = [Rectangle(3, 4), Circle(5)]
24  for shape in shapes:
25      print("面积：{}".format(shape.area))
```

使用@dataclass 会自动生成构造函数，但如果直接使用，就会因为参数不接收 area 而导致错误。因此，从 dataclasses 模块导入 field，在 area 属性中写上“= field(init=False)”。这样，就不用从构造函数那里接收 area 了。

field 是 dataclasses 的函数，在处理@dataclass 时被调用。因为要按照替换指定初始值的方式来编写，所以如果除了指定某个属性不包含在构造函数的参数中之外，还要指定初始值，要按照“=field(init=False,default=10)”的方式来编写。

另外，在程序 6.16 中，没有用__init__定义，取而代之的是用__post_init__定义。这是执行构造函数后调用的方法。其结果是：self.width 和 self.height 由构造函数接收，self.area 在__post_init__方法中被算出并设置属性值。

练习题 6.1　Paddle 类的实现

在以后的练习题中，使用类重新编写一下打砖块游戏的程序。首先，实现表示推杆的 Paddle 类。为了简单一点，只让球在 x 方向上移动。推杆对象由 Box 类的对象保存。可以参考例题 6.3 的 Ball 类来创建。

（文件名：ex06-block-1.py）

练习题 6.2　Paddle 类的事件处理程序

参考例题 6.4，在 Box 类中创建事件处理程序，与按下“↑”和“↓”键的事件关联，使其能够由玩家控制。

（文件名：ex06-block-2.py）

程序 6.17 是练习题 6.2 的类的大致形式的一个示例。方法的参数数量取决于方法的创建方式。

程序 6.17　大致形式的示例（推杆的追加）

```
from dataclasses import dataclass, field
from tkinter import *
import time

class Ball: ...

@dataclass
class Paddle:
    id: int
    x: int
    y: int
    w: int
    h: int
    dy: int = field(init=False, default=0)

    def move(self): # 移动推杆
        self.y += self.dy

    def redraw(self): ...

@dataclass
class Box:
    ...
```

```
    def __init__(self, ... ):

        ...
        self.paddle = None # 可省略

    def create_paddle(self, ...):
        id = create_rectangle(...)
        return Paddle(id, ...)

    def set_paddle(self):
        self.paddle = create_paddle(self, ... )

...
# 主程序
tk = Tk()
canvas = Canvas(tk, width=500, height=400, bd=0)
canvas.pack()

box = Box(100, 100, 200, 200, duration=0.05)
canvas.bind_all("<KeyPress-Up>", box.up_paddle)
canvas.bind_all("<KeyRelease-Up>", box.stop_paddle)
...
box.animate()
```

在 Paddle 的属性值的声明中，dy（推杆的移动量）不传给构造函数，指定初始值 0。因此，进行如下声明：

```
dy: int = field(init=False, default=0)
```

用 init=False 指定不传给构造函数，用 default=0 指定初始值 0。

练习题 6.3　Block 类的实现

创建表示砖块的 Block 类。

在类中添加属性 blocks，使摆放的砖块列能够初始化，并摆放多个砖块。

（文件名：ex06-block-3.py）

练习题 6.4　球与砖块的碰撞（class 版）

在练习题 6.3 中，实现“当球碰到砖块后，球反弹，砖块消失”这一处理。

（文件名：ex06-block-4.py）

6.5 协议

作为多态的另一个例子，下面介绍一下__str__方法。这是一个 Python 自动调用的方法，当对象被传递给字符串类 str 的 format 方法的参数时，它会创建一个字符串嵌入占位符。

例题 6.5 __str__方法

在 Card 类中定义__str__方法 。

程序 6.18 协议__str__的引入

```
@dataclass
class Ball:
    suit: str
    rank: int
    def __str__(self):          # 用__str__显示扑克牌
        return "{}的{}".format(self.suit, self.rank)

card = Card("spade", 1)
print("扑克牌: {}".format(card))
```

执行它后，显示“扑克牌 : spade 1”等。“"扑克牌 : {}".format(card)”内部调用“card.__str__()”，并将结果字符串嵌入“{}”（占位符）中。

也就是说，在 Python 中利用多态，可以让各种对象具有“以字符串表示的（__str__）”这一共同功能。因为每个对象的“用什么样的字符串表示”是不一样的，所以可以在__str__方法中单独定义每个类。

另外，字符串的 format 方法利用其结构，无论参数是字符串还是数值，甚至是未知的对象，都可以用同样的写法对字符串进行格式化。

像这样，给各种各样的对象定义带有共同名称的方法，通过该方法使各个对象具有共同功能的机制被称为协议（protocol[①]）。例如，在 format 方法的示例中预先约定“format 方法利用对象的__str__方法计算字符串”，

① protocol 也被用作表示通信规范的词语，意思是不同的通信设备按照相同的方式进行“交互”。原本是表示“外交礼仪”的英语单词，其带有对于初次见面的人也不会失礼的“共同的礼节”的意思被用在通信规范上。就像第一次连接的计算机可以连接起来一样。

在创建类时按照该约定来定义__str__方法，这样就能有效利用 format 方法了。

练习题 6.5　多态的利用

利用多态，既显示房子又显示车。在程序 6.19 中，定义了 House 类和 Car 类分别表示房子和车的对象，为这两个类定义了 draw 方法和 width 方法。draw 方法用于在 Canvas 上绘制表示对象的图，width 方法用于返回对象的 *x* 轴方向的长度。

（文件名：ex06-houses-cars.py）

程序 6.19　ex06-houses-cars.py 的大致形式

```
from tkinter import *
from dataclasses import dataclass

@dataclass
class House:
    ...
    def draw(self, x, y): ...
    def width(self):
        return ...

@dataclass
class Car:
    ...
    def draw(self, x, y): ...
    def width(self):
        return ...

tk = Tk()
canvas = Canvas(tk, width=500, height=400, bd=0)
canvas.pack()

objects = [
    House(...)
    House(...),
    Car(...),
    Car(...)
    ]

x = 0
```

```
PAD = 10
for obj in objects:
    obj.draw(x, 100)
    x = x + obj.width() + PAD
```

6.6 总结 / 检查清单

总结

1. 类和函数的“定义”部分在被引用之前不会被执行。
2. 在函数和方法中，可以用 return 将执行结果返回给调用源。
3. 列表可以利用构造函数来创建。
4. 可以使用 append 和 remove 进行列表元素的追加和删除。
5. 在一个类中加入另一个类的对象并进行处理，称为聚合（aggregation）。
6. 在聚合中，把不可缺少的构成要素融入其中，称为组合（composition）。
7. 可以把类的方法作为事件处理程序来调用。
8. 在不同的类中引入具有相同概念的同名属性，用相同的写法来处理它们，称为多态（polymorphism）或多态性。
9. 让不同的类具有共同的功能，这种机制称为协议（protocol）。

检查清单

- 可以用 A, B, C = (a, b, c) 的元组进行多项赋值。
- 知道用列表进行多项赋值的方法吗？
- 执行 list 类的 pop 方法后，列表会发生怎样的变化，并返回什么？
- 在随机更换 list 的元素顺序时，可以使用 random 模块中的什么函数？
- 能够通过文本显示来查看实例的内容，它的共同名称的方法是什么？
- 在@dataclass 中，不给构造函数传递参数时会怎样？

专栏

import 的两种写法

tkinter 的导入采用了

```
from tkinter import *
```

这种写法。而 time、random、math 等则采用了

```
import time
```

这种写法。另外，在第 1 章中 tkinter 的 setup 确认中，让大家用命令行输入了

```
import tkinter
```

"from 模块名 import *" 和 "import 模块名" 有什么区别呢？

一般来说，"from 模块名 import *" 都以 "from 模块名 import 类名" 或者 "from 模块名 import 函数名" 来列举该源程序内使用的类名或函数名。在实际使用该模块的类或函数时，可以直接写类名或函数名而不写模块名。

"from tkinter import *" 的 "*"（星号）是通配符[①]。

本书以学习为目的，为了避免烦琐而指定了通配符，但 PEP 8 推荐 "只列举使用的函数名和类名"。因此，像

```
from tkinter import Tk, Canvas
```

这样只写要用的类名，是更 "正规的程序" 的写法。

而如果使用 "import 模块名" 导入模块，程序里就必须写模块名，如 "模块名.类名" 或 "模块名.函数名"。

除了这种 "调用方式" 不同之外，语言规范上没有区别。如果在工作中有 "编码规则" 的本地规则，那么按照该规则，"应该使用哪一个" 由自己的判断来决定。笔者认为，如果通常以 "import 模块名" 导入，在从该模块继承类时就必须写模块名，因此会明确表示继承了哪个模块，这是更容易阅读的程序。

在 PEP 8 中，建议将模块的导入写在程序的最前面。

① 通配符适用于所有字符串。

第 7 章

继承与重写

在第 6 章中，作为面向对象语言的表现方法，引入了聚合、组合、多态和协议。

在本章中，我们将考虑如何在使用这些功能的同时，使整个程序简洁易读。那么，就让我们开始学习应该怎样写、要注意哪些方面、有没有容易落入的陷阱等内容吧。

7.1 多态的应用

例题 7.1 多态的应用

在第 6 章中，编写了球在墙壁上反弹的动画程序，并且配置了可操作的推杆，推杆可以把球反弹。

在本章中，把球和推杆都当作“动的东西”，利用多态来写。

程序 7.1 07-ball-paddle.py（Box 的定义）

```
1  from tkinter import Tk, Canvas
2  from dataclasses import dataclass, field
3  import time
4
5  @dataclass
6  class Ball:
7      # 后述
8  @dataclass
9  class Paddle:
10     # 后述
11
12 @dataclass
13 class Box:
14     id: int
15     west: int
16     north: int
17     east: int
18     south: int
19     ball: Ball
20     paddle: Paddle
21     paddle_v: int
22     duration: float
23
24     def __init__(self, x, y, w, h, duration): # 构造函数
25         self.west, self.north = (x, y)
26         self.east, self.south = (x + w, y + h)
27         self.ball = None
28         self.paddle = None
29         self.paddle_v = 2
```

```
30            self.duration = duration
31
32        def create_ball(self, x, y, d, vx):# 创建球，进行初始绘制
33            id = canvas.create_oval(x, y, x + d, y + d, fill="black")
34            return Ball(id, x, y, d, vx)
35
36        def create_paddle(self, x, y, w, h): # 初始显示推杆并返回
37            id = canvas.create_rectangle(x, y, x + w, y + h,
38                                         fill="blue")
39            return Paddle(id, x, y, w, h)
40
41        def check_wall(self, ball):       # 墙壁反弹球
42            if ball.x <= self.west or ball.x + ball.d >= self.east:
43                ball.vx = - ball.vx
44
45        def check_paddle(self, paddle, ball): # 推杆反弹球
46            center = ball.y + ball.d/2
47            if center >= paddle.y and center <= paddle.y + paddle.h:
48                if ball.x + ball.d >= paddle.x:
49                    ball.vx = - ball.vx
50
51        def up_paddle(self, event):       # 事件处理程序（向上）
52            self.paddle.set_v(- self.paddle_v)
53
54        def down_paddle(self, event):     # 事件处理程序（向下）
55            self.paddle.set_v(self.paddle_v)
56
57        def stop_paddle(self, event):     # 事件处理程序（停止）
58            self.paddle.stop()
59
60        def set(self):                    # 初始设置
61            ball_y0 = (self.north + self.south)/2
62            self.ball = self.create_ball(self.west, ball_y0, 10, 10)
63            self.paddle = self.create_paddle(self.east - 20,
64                                             ball_y0 - 20, 10, 40)
65            canvas.bind_all("<KeyPress-Up>", self.up_paddle)
66            canvas.bind_all("<KeyRelease-Up>", self.stop_paddle)
67            canvas.bind_all("<KeyPress-Down>", self.down_paddle)
68            canvas.bind_all("<KeyRelease-Down>", self.stop_paddle)
```

```
69
70      def animate(self):
71          movingObjs = [self.paddle, self.ball]         # 利用多态
72          while True:
73              for obj in movingObjs:
74                  obj.move()          # 利用协议
75              self.check_wall(self.ball)
76              self.check_paddle(self.paddle, self.ball)
77              for obj in movingObjs:
78                  obj.redraw()        # 利用协议
79              time.sleep(self.duration)
80              tk.update()
81
82  tk = Tk()
83  canvas = Canvas(tk, width=500, height=400, bd=0)
84  canvas.pack()
85
86  box = Box(100, 100, 200, 200, 0.1)
87  box.set()
88  box.animate()
```

首先，因为这只是为了让大家理解程序的大致内容，所以对于定义球对象和推杆对象的 Ball 类和 Paddle 类的详细内容，将另行说明。另外，在这个程序中，球只在 x 轴方向运动。

Box 类的 set 方法是用来准备球和推杆的方法。在 set 方法中，将 ball、paddle 作为 Box 类对象的属性，并分别使其包含球和推杆的对象（第 62 ~ 64 行）。并且，为了使推杆根据键盘的事件而移动，关联了键盘事件对应的事件处理程序（第 65~68 行）。

实际进行动画的主程序是 animate 方法，与之前所示的相同。球和推杆对象都有了 move 方法和 redraw 方法，都用了多态。

请注意，作为 movingObjs，没有区分 paddle 和 ball，都放在了列表里（第 71 行）。

表示球和推杆对象的 Ball、Paddle 类的定义如程序 7.2 所示。

请注意两者都定义了 move 方法和 redraw 方法。

程序 7.2　07-ball-paddle.py（Ball、Paddle 类的定义）

```
1   @dataclass
2   class Ball:
3       id: int
```

```
4       x: int
5       y: int
6       d: int
7       vx: int
8
9       def move(self):            # 移动球
10          self.x += self.vx
11
12      def redraw(self):          # 球的重绘
13          canvas.coords(self.id, self.x, self.y,
14                        self.x + self.d, self.y + self.d)
15
16  @dataclass
17  class Paddle:
18      id: int
19      x: int
20      y: int
21      w: int
22      h: int
23      vy: int = field(init=False, default=0)
24
25      def move(self):            # 移动推杆
26          self.y += self.vy
27
28      def redraw(self):          # 推杆的重绘
29          canvas.coords(self.id, self.x, self.y,
30                        self.x + self.w, self.y + self.h)
31      def set_v(self, v):
32          self.vy = v
33
34      def stop(self):            # 停止推杆
35          self.vy = 0
```

7.2 继承

在本节中，我们来谈一个稍微高级一点的话题，介绍一个 Python 的强大功能——继承。

在 Python 中，可以使用一个被称为海龟绘图的简易图形工具。现在，让我们先扩展这些类，添加一些更方便的功能。首先简单说明一下海龟绘图。请看下面的程序。

程序 7.3 海龟绘图

```
1  import turtle
2  t = turtle.Pen()
3  t.forward(50)
4  t.left(90)
5  t.forward(50)
```

在第 1 行，声明时可以使用 turtle 模块。

第 2 行的“t = turtle.Pen()”用来调用“turtle 模块内的 Pen 类的构造函数，创建 Pen 类的对象”。forward 和 left 是 turtle 模块内的 Pen 类的方法。

现在让我们进入正题吧。在这里，尝试创建一个继承 turtle.Pen 的类，扩展 turtle 的功能。首先，创建如下继承 turtle 的类。

程序 7.4 Pen 类的继承

```
1  import turtle
2  class CustomPen(turtle.Pen):
3      pass
```

如程序 7.4 所示，在声明类时，在括号中指定类的名称，就可以创建一个继承该类的新类。这里创建了一个名为 CustomPen 的类，它继承了 turtle.Pen 类。此时，被继承的类（如对于 CustomPen 的 turtle.Pen 类）称为“父类”（super class），而 CustomPen 类则称为“子类”（sub class）。CustomPen 类中没有定义任何一个它自己的方法，但却可以利用继承的父类 turtle.Pen 中定义的方法。

程序 7.5 作为子类创建

```
1  import turtle
2  class CustomPen(turtle.Pen):
3      pass
4
5  t = CustomPen()
6  t.forward(100)
7  t.left(90)
8  t.forward(100)
```

程序 7.5 中的程序与通常的使用 turtle.Pen 类的程序基本相同，只是在生成对象时用“CustomPen()”代替了“turtle.Pen()”。另外，还使用了父类的方法 forward 和 left 。执行这个程序的话，将绘制与通常使用 turtle.Pen 类时相同的内容。这样，CustomPen 类的对象可以像父类 turtle.Pen 的对象一样使用。接下来，扩展一下 CustomPen 类。举个简单的例子，尝试添加一个画三角形的 triangle 方法。

程序 7.6　向子类中添加方法

```
1   import turtle
2
3   class CustomPen(turtle.Pen):
4       def triangle(self, size):
5           for x in range(3):
6               self.forward(size)
7               self.left(120)
8
9   t = CustomPen()
10  t.triangle(50)
```

triangle 是一个逆时针方向绘制指定大小的正三角形的方法。开头的 self是接收自身对象的参数，size是从调用方接收的参数。并且，在方法中还利用了 forward 和 left 等父类 turtle.Pen 中定义的方法。执行程序 7.6，则会绘制与预期相同的三角形。父类与子类的关系如图 7.1 所示。请注意，用向上的三角箭头标记表示继承的父子关系。这样的图叫作类图。

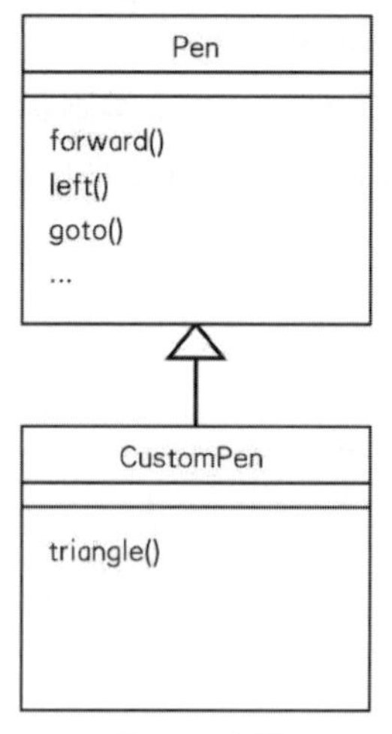

图 7.1　类图

像这样，利用类的继承，可以在不改变现有类的情况下添加新功能。

7.3 方法的重写与 super 函数

（1）方法的重写

接下来，试着用子类更改一下父类中定义的方法。如果要“在子类中定义与父类相同名称的方法”，那么在从对象调用该方法时，将调用子类中定义的方法，而不是父类中定义的方法，这一操作称为“重写方法”。在这里，我们将 turtle 的 goto 方法改写为“在移动到坐标上之前抬起笔，移动之后放下笔”。在重写之前，用my_goto这个名称重新添加这个方法。

程序 7.7　my_goto 的添加

```
1   import turtle
2   class CustomPen(turtle.Pen):
3       def my_goto(self, x, y):
4           self.up()
5           self.goto(x, y)
6           self.down()
7
8   t = CustomPen()
9   t.forward(100)
10  t.my_goto(0, 100)
11  t.forward(100)
```

运行此程序后，首先向右前进 100，之后移动到坐标(0,100)，然后再向右前进 100。在移动到坐标(0,100)时，因为抬起了笔，所以画面上会绘制两条不相连的线。

如果把 my_goto 改成 goto，就可以覆盖已有的 goto 方法，但是仅仅这样是不能正确运行的。这是因为在 my_goto 方法内也会调用 goto 方法（self.goto(x, y)），所以其调用目的地也会变成 CustomPen 类的 goto 方法。也就是说，变成了从 CustomPen 类的 goto 方法中调用同样的 CustomPen 类的 goto 方法，这样就永远都无法实现“移动到指定位置”的动作，这种现象称为循环引用，变成无法跳出无限循环的状态，如图 7.2 所示。

为了避免这种情况，在 self.goto(x, y)处，需要调用的是“turtle.Pen 类的 goto 方法”，而不是“CustomPen 类的 goto 方法”。

要想直接调用父类的方法，需要指定类名称来调用，如“类名.方法名（self,方法的参数）”。

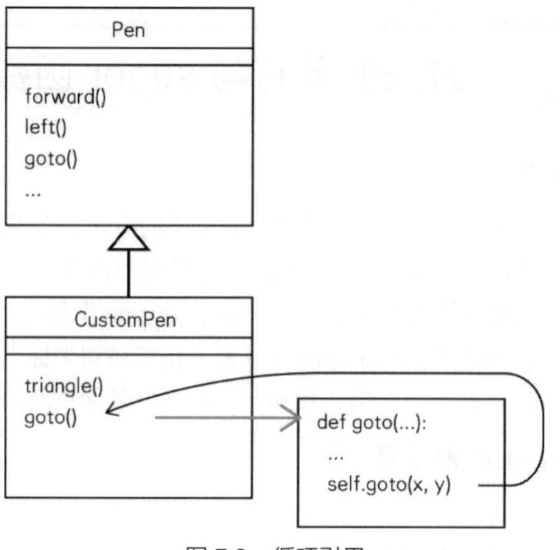

图 7.2 循环引用

程序 7.8 父类的调用

```
1  import turtle
2  class CustomPen(turtle.Pen):
3      def my_goto(self, x, y):
4          self.up()
5          turtle.Pen.goto(self, x, y)
6          self.down()
```

在调用方法时，请注意在开头的参数中添加 self。这样写的话，意思是“不调用 self 对象的 goto 方法”，而是“调用 turtle.Pen 类的 goto 方法”。

像这样采用 turtle.Pen.goto(self, x, y)的写法，“turtle.Pen 类的 goto 方法”就确确实实地会被调用了。这样写的话，即使在 CustomPen 类中创建名为 goto 的方法，父类 turtle.Pen 类中的 goto 方法也可以被用到。那么，让我们把 my_goto 改为 goto 看一看。

程序 7.9 重写的完成

```
1  import turtle
2  class CustomPen(turtle.Pen):
3      def goto(self, x, y):
4          self.up()
5          turtle.Pen.goto(self, x, y)
6          self.down()
```

```
7
8  t = CustomPen()
9  t.forward(100)
10 t.goto(0, 100)
11 t.forward(100)
```

这样，turtle.Pen 类的 goto 方法在 CustomPen 类中被改写成了另一个方法。与刚才一样，会在海龟绘图的画面中画出两条线。可以看出，在 CustomPen 类的 goto 类中，使用的是父类的 goto，如图 7.3 所示。

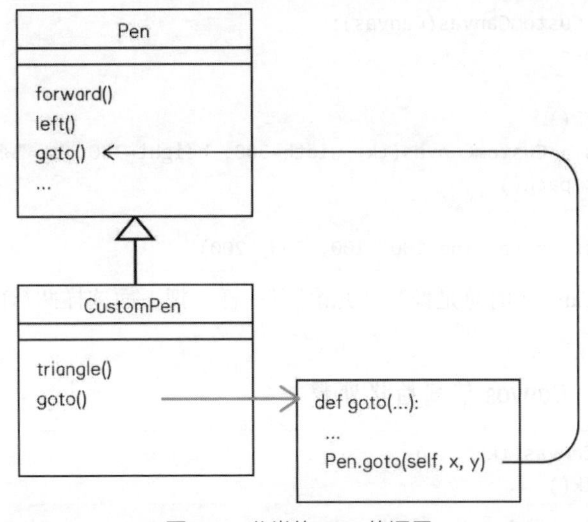

图 7.3　父类的 goto 的调用

（2）super 函数

对于 turtle.Pen.goto(self, x, y)的调用，如果像

```
super().goto(x, y)
```

这样使用 super 函数，就能明确表示调用的是父类的方法。在许多提供继承机制的编程语言中，都有这样一种调用父类方法的手段。

“重写”用于在子类中创建与父类方法同名的方法，然后覆盖父类的该方法。它也可以用于“自定义类的行为”，是非常强大的功能。在常用的 Python“应用程序框架”中，也有很多地方使用了这种技术。主要的动作由框架负责，每个应用程序的细微行为可以通过方法的覆盖来进行自定义。例如，通过互联网在 Web 浏览器或智能手机中使用的应用程序中，也有一些框架采用了这种方法。

这样一来，就可以将通信程序等困难的部分交给框架，只覆盖想要编写的 Web 应用程序特有的部分来进行自定义。

（3）构造函数的重写

类的构造函数（名为__init__的方法）也可以像方法一样重写。现在，让我们来创建一个继承 tkinter 的 Canvas 类的类吧。

程序 7.10　CustomCanvas 的引入

```
1  from tkinter import Tk, Canvas
2  
3  class CustomCanvas(Canvas):
4      pass
5  
6  tk = Tk()
7  canvas = CustomCanvas(tk, width=300, height=300, bg="white")
8  canvas.pack()
9  
10 canvas.create_line(100, 100, 200, 200)
```

使用 Canvas 时总是像写“咒语”[①]一样，把下面这样两行内容放在构造函数中。

程序 7.11　Canvas 的初始化处理

```
canvas = Canvas(tk, ...)
canvas.pack()
```

与重写方法时一样，写成 Canvas.__init__(self, ...)，这样就可以调用 Canvas 类的构造函数了。

大家试着写一下吧。

程序 7.12　Canvas 构造函数的自定义

```
from tkinter import Tk, Canvas

class CustomCanvas(Canvas):
    def __init__(self):
        Canvas. __init__ (self, tk, width=300, height=300, bg="white")
        self.pack()

tk = Tk()
```

① 电影和游戏里出现的“咒语”每次都是一样的词。如果不念这个“咒语”，就无法进行下一步。也有程序员将程序中的这种描写称为“咒语”。

```
canvas = CustomCanvas()
canvas.create_line(100, 100, 200, 200)
```

通过

```
tk = Tk()
canvas = CustomCanvas()
```

这两行就能用 Canvas 了。

```
Canvas.__init__ (self, tk, width=300, height=300, bg="white")
```

这部分也可以使用 super 函数来调用

```
super().__init__ (tk, width=300, height=300, bg="white")
```

我们把它与原来的程序比较一下吧。在构造函数中，用self代替变量canvas，用调用 canvas.__init__(self,...)代替创建对象。除此之外没有太大的不同。执行该程序后，将与之前一样显示 Canvas 的画面。由于 CustomCanvas 继承了 Canvas，所以使用 Canvas 的程序也可以使用 CustomCanvas。

在 CustomCanvas 中添加其他方法，使 Canvas 更容易使用，也不错吧。

例题 7.2 MovingObject 类

在 07-ball-paddle.py 程序中，考虑通过继承来定义 Paddle 类和 Ball 类。

程序 7.13 07-moving-obj.py（MovingObject 类的引入）

```
1  # Python 游戏编程：第 7 章
2  # 例题 7.2 MovingObject 类
3  # ------------------
4  # 程序名：07-moving-obj.py
5
6  from tkinter import Tk, Canvas
7  from dataclasses import dataclass
8  import time
9
10 class CustomCanvas(Canvas):
11     def __init__(self, width=300, height=300, bg="white"):
12         super().__init__(tk, width=width, height=height, bg=bg)
13         self.pack()
14
15 @dataclass
```

```
16 class MovingObject:
17     id: int
18     x: int
19     y: int
20     w: int
21     h: int
22     vx: int
23     vy: int
24 
25     def redraw(self):
26         canvas.coords(self.id, self.x, self.y,
27                       self.x + self.w, self.y + self.h)
28 
29     def move(self):
30         pass
31 
32 class Ball(MovingObject):
33     def __init__ (self, id, x, y, d, vx):
34         MovingObject. __init__ (self, id, x, y, d, d, vx, 0)
35         # super().__init__ (id, x, y, d, d, vx, 0) 也可以
36         self.d = d
37 
38     def move(self):
39         self.x += self.vx
40 
41 class Paddle(MovingObject):
42     def __init__ (self, id, x, y, w, h):
43         MovingObject. __init__ (self, id, x, y, w, h, 0, 0)
44         # super().__init__ (id, x, y, w, h, 0, 0) 也可以
45 
46     def move(self):
47         self.y += self.vy
48 
49     def set_v(self, v):
50         self.vy = v
51 
52     def stop(self):
53         self.vy = 0
54 
55 tk = Tk()
56 canvas = CustomCanvas()
```

在程序7.13中，认为球和推杆都是“移动的东西”，所以引入了将Ball

类和Paddle类一般化（泛化）的MovingObject类。也就是说，在新的程序中，Ball类、Paddle类继承并创建MovingObject类。另外，也有“子类化”的说法。

Paddle类的实现与原来的程序相比基本没有变化，Ball类的实现有以下几点变化，请注意。

- 球的直径是由属性 d 表示的，但在绘制时使用了父类（MovingObject）的属性 w（宽度）和 h（高度）。
- 球对象 ball 需要满足 ball.d == ball.w == ball.h 的关系。
- 原来的 redraw 方法是用属性 d 像程序 7.14 那样写的，而现在在利用了 MovingObject 类定义的泛化的内容。

如果像这样修改Ball类的属性，Ball类和Paddle类应该都会画在(x, y)坐标上，具有宽度和高度，以 vx、vy 的速度“移动”。通过这样的思路，我们可以定义泛化的“移动物体”（MovingObject）类。一旦定义了泛化的MovingObject类，再重新定义各个Ball类和Paddle类中独自拥有的属性和方法，如果按照这样的流程进行编程，就可以省掉许多重复性工作。

程序 7.14　泛化的 MovingObject 类的 redraw

```
def redraw(self):
    canvas.coords(self.id, self.x, self.y,
                  self.x + self.d, self.y + self.d)
```

（4）类图

把MovingObject类与Ball类、Paddle类的关系整理成类图（图 7.4），各个类的关系就容易理解了。

如之前的例子中所说明的那样，向上的三角箭头标记表示“继承”。在表示类的方框内的上部写明类名称，在分隔线以下从上到下依次写属性和方法。属性和方法之间有一条横线。

MovingObject 类有 x、y、w、h、vx、vy 6 个属性。属性名称前面的“+”表示该属性在类之外也可以被引用或赋值。像这样从外面也能引用的属性称为 public，Python 中所有属性（类变量）都是 public 的。不能进行像 Java 和 C++等语言那样的 private 声明。move()是斜体字写的，表示这个类没有 move 方法的实现，但假设其在继承的类中有实现。[1]

[1] 这样的方法叫作抽象方法，拥有抽象方法的类叫作抽象类，没有抽象方法的类叫作具体类。

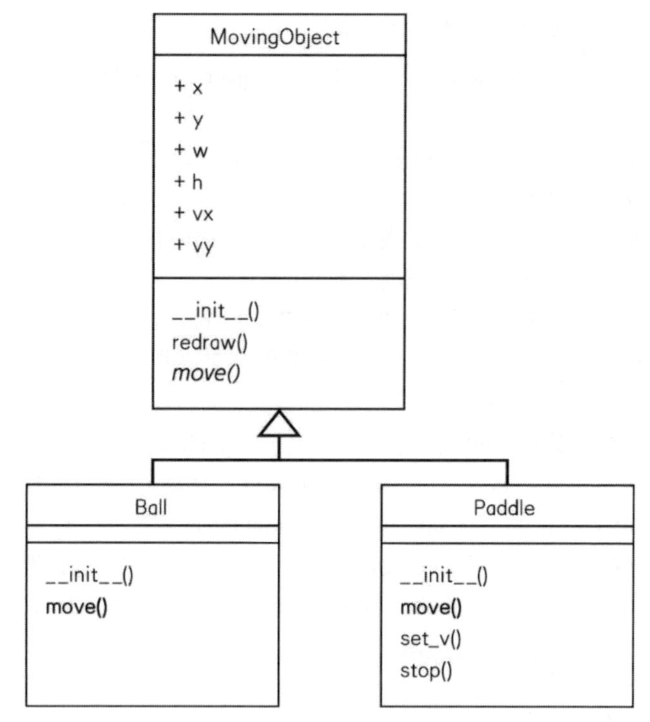

图 7.4　MovingObject 类的继承

Ball 类和 Paddle 类没有自己的属性，所以中间是空的。关于方法，请注意 move()不是斜体字，而是粗体的。也就是说，move 方法的实现是由这些类来定义的。

现在，我们将使用对象的代码称为客户端代码（客户端=委托人）。如程序 7.13 所示，Ball 类和 Paddle 类的实现有了一些变化，但是作为客户端代码的 Box 类完全不需要改变。从 Box 类可以看出，Ball 类和 Paddle 类可以作为独立的部件（模块）来处理。

如果把这样的程序部件定义成："具有相同性质"的就让它继承类，只对"不同的部分"重写。那么，就能将整个程序量控制得很合适。

练习题 7.1　通过 Ball 类、Block 类和 Paddle 类的继承来实现

以例题 7.1 和例题 7.2 为基础，创建用于定义打砖块游戏的"砖块"对象的 Block 类。但是，要继承 MovingObject 来创建。在此基础上，利用 Ball 类、Paddle 类和 Block 类来编写打砖块游戏。

与例题 7.1 和例题 7.2 一样，球可以只在 x 轴方向上移动，如图 7.5 所示。

（文件名：ex07-inheritance-block.py）

图 7.5　继承了 MovingObject 类的 Block 类

从砖块“不移动”和“不需要重新绘制”这两点来看，继承 MovingObject 类来创建表示砖块的类可能是功能过剩的。但是这里为了练习，请利用继承来制作。如果用图来表示各个类的关系，则如图 7.6 所示。

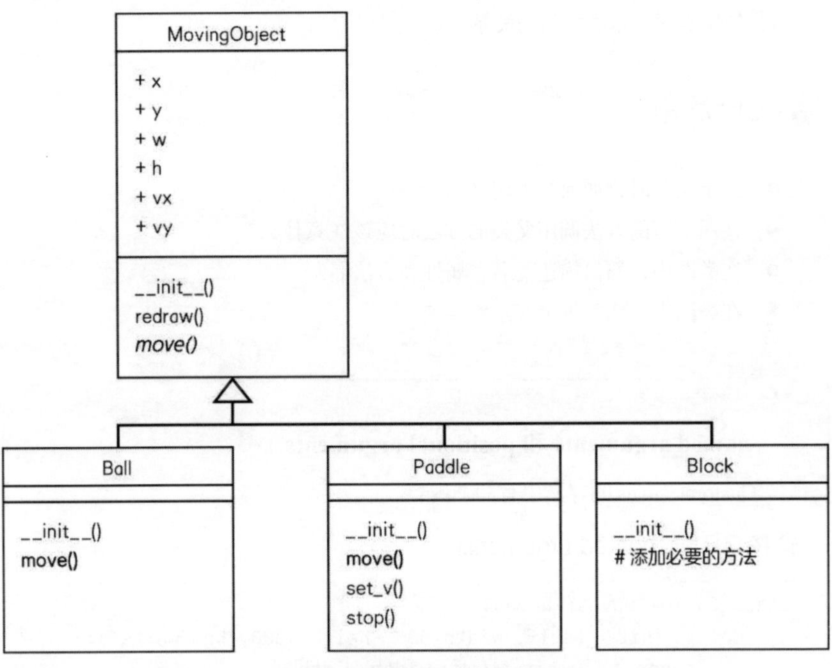

图 7.6　添加 Block 类的类图

7.4 总结 / 检查清单

总结

1. 使用面向对象的“继承”可以有效地对类似功能进行编程。

2. 被继承的类称为“父类”（super class），继承的类称为“子类”（sub class）。

3. 父类的方法可以在子类中改写并“重新定义”，这一操作称为重写。

4. 使用 super 函数可以调用父类的方法。

5. 构造函数也能重写。

6. 在定义父类时，考虑“共同的性质”和“共同的动作”进行泛化，定义共同方法。

7. 使用类图表示类之间的关系。

检查清单

- 继承父类时，如何写类定义？
- 在用重写的方法调用父类的方法时应该注意什么？
- 在类图中，如何描述类名、属性和方法名？
- 在类图中，如何表示继承？

专栏

named arguments 和 positional arguments

CustomCanvas 的定义中有如下内容。

程序 7.15　named arguments

```
class CustomCanvas(Canvas):
    def __init__(self, width=300, height=300, bg="white"):
        super().__init__(tk, width=width,
                                height=height, bg=bg)
```

在调用 super 时，写 width=width；在方法的定义中，写 width=300。这是在做什么呢？

def 是函数（方法）的定义。在方法的定义中写 width=300，是指在没有给出 width 参数时，默认值用 300。

而调用 super 的意思是，将方法定义中作为参数传递的 width 的值代入 width 参数中。因为名称相同，所以写法很容易混淆，width=width 的左边是 super().__init__所接收的参数的名称，右边是调用 CustomCanvas 的__init__函数时传递的 width 参数的值。

像这样，在调用函数（方法）时，以“命名”传递的参数被称为 named arguments，即使参数的顺序被调换也没有关系。而 super().__init__的第一个参数的 tk 没有指定名称，只传递了值。

如果不指定名称，则被视为 positional arguments（按顺序解释的参数）。这里是根据 Canvas 构造函数的“定义”来解释的，即 tk 作为第一个参数传递。当是 positional arguments 时，如果顺序被打乱，执行结果也就不对了。

函数（方法）定义中有默认值的参数可以省略，但是如果中间有省略的参数，则后面的参数将不知道是“第几个参数”。到那时，如果不带名称传递值，被调用的函数就不能解释了。另外，一旦切换为 named arguments，之后的参数就不能作为 positional arguments 省略名称传递值了，这样调用的话会造成语法上的错误。

如程序 7.15 所示，请大家把在定义时设置省略值的写法和在函数（方法）调用中使用 named arguments 的例子放在一起比较一下，思考一下看起来写法相同的各个名称的作用的不同之处，加深对 positional arguments 和 named arguments 写法的理解。

第8章

重　构

这一路我们出题、解题，大致完成了打砖块游戏，还是很有乐趣的吧？果然还是有乐趣才愿意学习啊。

接下来，有些内容需要我们思考一下。程序代码虽然是机器阅读的代码，但人类阅读并理解程序、维护程序（其他人给该程序添加功能、修正 bug 等）也非常重要。这样一来，提高可读性（readability）就变得很重要了。有时为了提高可读性，会有整理逻辑性流程的情况。这一系列的工作被称为重构。

在本章中，我们将一边整理到目前为止所学的内容，一边讲解重构。

8.1 前半部分的总结

我们会遇到这种情况："绞尽脑汁写出来的程序，却不能正确运行。根据出错信息，修改了程序。只不过因为不自信，所以把之前写的部分'注释掉'[①]试着重新写了。好了，可以正确运行了，所以注释就那样放着了。在这样的过程中，程序里到处都是注释，导致很难在一个画面上把握执行时的流程。"

那么，怎样才能更容易阅读呢？

- 删除测试运行时"注释掉"的不再使用的代码。
- 将含义不准确（明确）的"变量"改写成"含义明确的名称"。
- 检查方法的名称是否表示"具体动作"。
- 像 move_to(x, y)一样，让名称能作为词语通顺地读懂。
- 将程序中的换行符和运算符前后的空格等改写成符合规定的内容。
- 在那些经过一段时间后可能不知道自己做了什么的地方加上注释。
- 为了避免注释过多导致不容易找到所需要的注释，不要给一看就懂的代码添加注释。

以上这些工作很重要。这些主要是对"外观"的修正。另外，比较重要的一点就是"逻辑的整理、归纳"。在写程序时，反复"试错"的部分，有可能是没有整理好"逻辑"。在整理逻辑时，需要注意以下几点。

- 在多个类中，当进行共同的处理或概念上相同的处理时，如果可以抽象化地定义父类（基类），就定义为父类，并继承它。
- 如果存在具有明确父子关系的类，则把多个子类的共同处理提取为父类的方法。
- 在多个类之间有"相同定位"的处理时，灵活运用多态和协议等。

把这样的程序修改工作称为重构。本章将对之前编写的打砖块游戏进行重构，改写成"漂亮的代码"[②]。

---

① 将程序的一部分作为"注释"排除在执行对象之外，并对这部分添加正确的程序进行修改。这样的话，当修改内容有误时很容易恢复原状。

② 编码规范有时会有本地规则。在规则不同的情况下，本书的代码就算不上"漂亮"，这一点请大家理解。

例题 8.1 打砖块游戏的改写

用类来改写第 4 章编写的打砖块游戏。此时，要用类来实现球、推杆等对象。

（文件名：ex08-blocks.py）

8.2 Python 程序的写法

本书将按照以下结构编写程序。

1. 程序信息的注释（用语言说明概要）。
2. 库（模块）的导入。
3. 固定值的定义（作为惯例，变量名都是大写的）。
4. 类的定义。
5. 类内部的事件的设置。
6. 执行环境的初始化（tkinter 的 Canvas 等）[①]。
7. 主程序。

在程序的最前面，有时会写上一段让人一看就知道“这是什么程序”的注释。我们把这样的注释称为标题（header）。

在标题之后，写库的导入。例如，写了

```
import tkinter
```

之后，就知道使用了 tkinter 的图形。如果写了

```
import random
```

就知道是要控制随机数去做些什么。PEP 8 等规范强烈推荐将库的导入写在程序的最前面，而不是写在使用位置之前。

① 本书的前半部分，有时是在开头部分进行了 Canvas 的初始化，使导入和说明程序的行尽量接近。虽然遵守规范很重要，但“作为例外，如果有充分且合理的理由，可以灵活应用规则”。

8.3 初始化与设置方法

在 Python 中，惯例是用大写字母来定义“常量”（固定值）。严格来说，Python 没有常量，只是用大写字母来定义想要作为“常量”使用的变量。

例如，如下指定画面大小的“常量”。

程序 8.1 初始值的设置

```
# 设置初始值（固定值）
BOX_MARGIN = 50
BOX_TOP_X = BOX_MARGIN                      # 游戏区域的左上 x 坐标
BOX_TOP_Y = BOX_MARGIN                      # 游戏区域的左上 y 坐标
BOX_WIDTH = 700                             # 游戏区域的宽
BOX_HEIGHT = 500                            # 游戏区域的高
BOX_CENTER = BOX_TOP_X + BOX_WIDTH/2        # 游戏区域的中心

CANVAS_WIDTH = BOX_TOP_X + BOX_WIDTH + BOX_MARGIN     # Canvas 的宽
CANVAS_HEIGHT = BOX_TOP_Y + BOX_HEIGHT + BOX_MARGIN   # Canvas 的高
CANVAS_BACKGROUND = "lightgray"             # Canvas 的背景色
```

类定义紧随其后。然后，主程序之前的 Canvas 的初始化如下所示。

程序 8.2 Canvas 的初始化

```
# -------------------
tk = Tk()
tk.title("Game")

canvas = Canvas(tk, width=CANVAS_WIDTH,
                height=CANVAS_HEIGHT,
                bg=CANVAS_BACKGROUND)
canvas.pack()
```

再如，在定义显示“Game Over!”的方法时，假设是这样写的。

程序 8.3 Game Over! 的显示

```
    def game_end(self, message):
        self.run = False
        canvas.create_text(BOX_CENTER, MESSAGE_Y,
                           text=message, font=('FixedSys', 16))
        tk.update()
```

这样一来，在扩大游戏区域的时候，只要修改程序 8.1 中的 BOX_WIDTH 和 BOX_HEIGHT，Canvas 的大小就会改变，并且，在显示信息时用到的表示画面中心的 BOX_CENTER 等的值也会改变。

在一边调试，一边“想显示再往右边一点”“想砖块再大一点”等情况下，就不用再去思考“在哪里显示消息”“在哪里进行砖块初始化”了，只要修改集中在开头部分的值就可以了。只要把控制程序的变量集中在一处，修改起来就会很轻松。

8.4 继承、组合和封装

用面向对象的方法对现实世界进行建模。作为经常被使用的例子，有一个“动物”类和“人”类、“狗”类的关系。试着思考一下“用程序表现”人和狗的情况。人是动物，狗也是动物。“动物”这一笼统的分类无法体现人和狗之间的细微差异，所以我们以“继承”动物类的形式来定义“人”类和“狗”类。

“人”和“狗”都有“吃”这一共同动作。因此，将“动物”类作为“父类”来定义，在该类中定义“吃”这一共同动作。这样一来，只要将“人”和“狗”的不同部分分别定义为类方法即可。

正如第 7 章所述，在打砖块游戏的程序中，球和推杆都有运动。所以把 Ball 类和 Paddle 类继承父类“移动的东西”（MovingObject）来表现。

接下来，我们来思考一下“组合”。可以把现实世界中的“东西”理解为是由各种各样的零件构成的。实现它的就是“组合”。“车”是以“发动机”为首的各种零件构成的。在打砖块游戏的程序中，把“整个游戏”定义为 Box 类，把球和推杆定义为其零件。

最后思考一下“封装”。思路是这样的：“不要从内部直接引用外部的变量”，必要的变量用参数来接收，使得不能在不通过方法的参数的情况下改变“内部”的环境。

让 global 变量（全局变量/在程序中的任何地方都能引用、赋值的变量）拥有“重要信息”，结果一个不注意，被别人使用了同一名称的变量，该变量所保存的值就会在不经意间发生改写。为了防止出现这样的错误，在主程序中，如果不调用方法并传递参数，就不能接触游戏区域的内容。这样的话，除非“特意”去调用方法，否则无法更改值。

如果封装设计得很好，那么传递给方法的参数的个数整体上就会减少。因为需要从外面处理的变量少了，所以参数也就少了。

8.5 动作的控制

接下来是程序，在程序 8.1 的开头部分集中写了常量。

同样，将类的定义和方法的定义也集中在一个地方，使得程序一目了然。此处，我们还要编写“移动的东西”。

让我们灵活运用一下第 7 章引入的 MovingObject 类。这次让球斜着移动。

程序 8.4 MovingObject 类

```
# 定义 MovingObject 作为共同的父类
@dataclass
class MovingObject:
    id: int
    x: int
    y: int
    w: int
    h: int
    vx: int
    vy: int
    def redraw(self): # 重绘（画面反映移动结果）
        canvas.coords(self.id, self.x, self.y,
                      self.x + self.w, self.y + self.h)

    def move(self):   # 移动
        self.x += self.vx
        self.y += self.vy
```

Ball 类和 Paddle 类继承了此类。这样一来，Ball 类的定义就仅用下面几行代码就可以了。

程序 8.5 Ball 类

```
# Ball 类继承了 MovingObject 类
class Ball(MovingObject):
    def __init__ (self, id, x, y, d, vx, vy):
        MovingObject. __init__ (self, id, x, y, d, d, vx, vy)
        self.d = d                # 作为直径记录
```

在父类（MovingObject）中，宽度（w）和高度（h）是独立定义的，但是在 Ball 类中，无论哪一个都是通过直径（d）来定义的，self.d = d，保存父类中没有的“直径”参数。仅仅如此，Ball 类就可以将 redraw（移动结果反映到画面上）、move（绘图位置移动）等处理交给父类。

在打砖块游戏的程序中，有如下“例题”。

道具和敌人等从上面掉下来。

我们在第 4 章中追加了 Spear（矛）。试着用 MovingObject 类的继承重写它。

程序 8.6　Spear 类

```
# Spear 类继承了 MovingObject 类
class Spear(MovingObject):
    def __init__ (self, id, x, y, w, h, vy, c):
        MovingObject. __init__ (self, id, x, y, w, h, 0, vy)
```

balls、paddle 和 spear 等的实例将作为后文介绍的 Box 属性来定义。因此，Spear 类的处理如下所示。

程序 8.7　Box 类（后述）的追加部分

```
1  # 矛的创建
2  def create_spear(self, x, y, w=SPEAR_WIDTH, h=SPEAR_HEIGHT,
3                   c=SPEAR_COLOR):
4      id = canvas.create_rectangle(x, y, x + w, y + h, fill=c)
5      return Spear(id, x, y, w, h, SPEAR_VY, c)
6  
7      def check_spear(self, spear, paddle):
8          if (paddle.x <= spear.x <= paddle.x + paddle.w \
9              and spear.y + spear.h > paddle.y \
10             and spear.y <= paddle.y + paddle.h): # 碰到了矛
11             return True
12         else:
13             return False
14 
15     def animate(self):
16         # 统一定义移动的东西
17         self.movingObjs = [self.paddle] + self.balls
18         while self.run:
19             for obj in self.movingObjs:
20                 obj.move()     # 使坐标移动
21             if self.spear:
22                 if self.check_spear(self.spear, self.paddle):
23                     self.game_end("You are destroyed!") # 碰到了矛
```

```
24                          break
25                      # ... 中间省略
26                      # 矛发生的概率为 1%
27                      if self.spear==None and random.random() < 0.01:
28                      self.spear = self.create_spear(
29                          random.randint(self.west, self.east),
30                          self.north)
31                      self.movingObjs.append(self.spear)
32                  if self.spear and self.spear.y + self.spear.h >= self.south:
33                      canvas.delete(self.spear.id)
34                      self.movingObjs.remove(self.spear)
35                      self.spear = None
36                  # ...中间省略
37                  for obj in self.movingObjs:
38                      obj.redraw()  # 在移动后的坐标上重新绘制（画面反映）
```

如果碰到了“矛”这个障碍物（敌人），游戏就会立刻结束。move 和 redraw 已经在父类中定义好了，所以实际需要绘制的部分只需要进行如下处理：向 self.movingObjs 这个“所有移动的东西”的列表中添加“东西”（self.movingObjs.append(self.spear)），或者删除“东西”（self.movingObjs.remove(self.spear)）。

另外，第 17 行的

```
movingObjs = [self.paddle] + self.balls
```

是列表之间的加法运算（列表的结合）。

8.6 事件处理程序的定义

我们来看看表示整个游戏区域的 Box 类。

程序 8.8 Box 类的引入

```
# Box（游戏区域）的定义
@dataclass
class Box:
    west: int
    north: int
    east: int
    south: int
```

```
    balls: list
    paddle: Paddle
    paddle_v: int
    blocks: list
    duration: float
    run: int
    score: int
    paddle_count: int
    spear: Spear

    def __init__(self, x, y, w, h, duration):
        self.west, self.north = (x, y)
        self.east, self.south = (x + w, y + h)
        self.balls = []
        self.paddle = None
        self.paddle_v = 2
        self.blocks = []
        self.duration = duration
        self.run =  False
        self.score = 0                # 成绩
        self.paddle_count = 0         # 用推杆击球的次数
        self.spear = None
```

这里，在 Box 类的实例中准备了 balls、paddle、blocks 和 spear 等。也许有人会觉得，既然写了主要程序，为什么还要特意把“游戏区域”定义为 Box 之类的呢？这样做有一个好处，就是可以将整个游戏作为对象来处理。并且，通过 Box 类的对象提供管理各种游戏对象的方法，同时，不让其他方法访问游戏对象，从而可以实现封装。

例如，把进行推杆控制的事件处理程序也定义为 Box 类的方法。然后，这些事件处理程序的定义也在 Box 类的方法中进行。

程序 8.9　在 Box 类中定义事件

```
    def left_paddle(self, event):     # 左移推杆（事件处理）
        self.paddle.set_v(-self.paddle_v)

    def right_paddle(self, event):    # 右移推杆（事件处理）
        self.paddle.set_v(self.paddle_v)

    def stop_paddle(self, event):     # 停止推杆（事件处理）
        self.paddle.stop()
    def game_start(self, event):
```

```
    self.run = True

def set(self):                    # 统一进行初始设置
    # 墙壁的绘制
    self.make_walls()
    :
    # 事件处理的定义
    canvas.bind_all('<KeyPress-Right>', self.right_paddle)
    canvas.bind_all('<KeyPress-Left>', self.left_paddle)
    canvas.bind_all('<KeyRelease-Right>', self.stop_paddle)
    canvas.bind_all('<KeyRelease-Left>', self.stop_paddle)
    # 按下 Space 键
    canvas.bind_all('<KeyPress-space>', self.game_start)
```

事件处理程序的定义最好包含在一系列游戏初始化工作的一部分中。在 Box 类的 set 方法中，我们来集中写一下游戏的初始设置吧。

8.7 游戏的扩展

在道具从上面掉下来的例题中，我们定义了 Spear 类。

同样，在道具从上面掉下来的处理中，也许我们可以定义这样的构造：如 Candy 类，捡到 Candy 就会加分。

对于扩展的考虑可以随着游戏的进展而展开。试着写一段程序，当球击中几次推杆时，会发生什么。这里可以尝试一下下面这个项目。

有多个球。

以下三点可以通过新增球来修改。

1. 以“for ball in balls:”的形式将之前对一个球进行的处理改写为循环。

2. 当漏接球时，如果漏接了最后一个球，则游戏结束，但如果剩一个以上的球，则不结束游戏。

3. 当推杆击中球的次数和消除砖块的次数等满足一定条件时，就会新增球。

关于球的新增，在进行推杆击中球时的处理（check_paddle）中进行。在程序 8.10 中，每达到 MULTI_BALL_COUNT 这个常量定义的次数就新增 1 个球。但是，如果球的数量已经达到 BALL_MAX_NUM 则不新增。

另外，x 轴的方向是随机设置的。

如果对以上内容进行编程，则如程序 8.10 所示。

那么，关于“只要不是漏接了最后一个球，就不会结束游戏”的部分，请大家花一下心思。

程序 8.10　游戏的扩展

```
class Box:
    def __init__(self, x, y, w, h, duration):
        ⋮
        self.score = 0                          # 得分
        self.paddle_count = 0                   # 推杆击中球的次数
    def check_paddle(self, paddle, ball):       # 球碰到推杆的处理
        hit = False
        # 从上边碰到
            if (paddle.y <= ball.y + ball.d + ball.vy <= paddle.y + paddle.h
            and paddle.x <= ball.x + ball.d/2 + ball.vx <= paddle.x + paddle.w):
            # 根据球的位置，改变反弹角度
            hit = True
            ball.vx = int(6*(ball.x + ball.d/2 - paddle.x)
                          / paddle.w) - 3
            ball.vy = -ball.vy
        elif...:                                # 从左边碰到
        ⋮
        if hit:                                 # 推杆击中了球
            self.paddle_count += 1
            # 新增球
            if self.paddle_count % MULTI_BALL_COUNT == 0:
                if len(self.balls) < BALL_MAX_NUM:
                    ball = self.create_ball(
                        BALL_X0,
                        BALL_Y0,
                        BALL_DIAMETER,
                        random.choice(VX0),
                        BALL_VY
                        )
                    self.balls.append(ball)
                    self.movingObjs.append(ball)
```

8.8 条件判断与循环处理

在第 4 章练习题 4.1 的程序示例（ex04-blocks.py）中的“球碰到墙壁”的处理，可以这样写：

程序 8.11　结构化前的墙壁反弹处理

```
while True:
    for ball in balls:
        move_ball(ball)                     # 球的移动
        if ball.x + ball.vx <= 0:           # 在左侧的墙壁上反弹
            ball.vx = -ball.vx
        if ball.x + ball.d + ball.vx >= WALL_EAST: # 右侧的墙壁
            ball.vx = -ball.vx
        if ball.y + ball.vy <= 0:           # 上方的墙壁
            ball.vy = -ball.vy
        # 漏接
        if ball.y + ball.d + ball.vy >= WALL_SOUTH:
            canvas.delete(ball.id)          # 球从画面上消失
            balls.remove(ball)
    if len(balls)==0:                       # 没有接到最后一个球
        game_over()
        break
```

通过 if 的列举，我想大家应该很容易理解碰到哪一面墙壁该如何处理了，但是当我们要通读整个处理程序时，碰到墙壁的处理程序有这么长一段，稍微有些难读。

因此，在 Box 类中定义了 check_wall 方法，将“是否碰到墙壁”的处理放了进去。

程序 8.12　结构化后的墙壁反弹处理

```
    def check_wall(self, ball):                       # 碰到墙壁时的处理
        if ball.y + ball.d + ball.vy >= self.south:   # 没接到球
            return True
        if (ball.x + ball.vx <= self.west \
            or ball.x + ball.d + ball.vx >= self.east):
            ball.vx = -ball.vx
        if ball.y + ball.vy <= self.north:            # 在上方弹回
            ball.vy = -ball.vy
```

```
            return False

    def animate(self):
        while self.run:
            for ball in self.balls:
                if self.check_wall(ball):            # 碰到墙壁
                    canvas.delete(ball.id)
                    self.balls.remove(ball)
                    self.movingObjs.remove(ball)
```

把主循环中分成 4 行的 if 语句合并为一个用“判断”方法调用和判断其结果的 if 语句。

在这个例子中，主循环就稍微流畅了一些。将“判断是否与墙壁发生碰撞”这一处理归纳到一个方法里，这样其他人读起来也会更容易理解程序在做什么。

只要贯彻这种将程序的“要素”都改写成方法的做法，最终主程序会变成下面这样紧凑的形式。

程序 8.13　主程序

```
# ------------------
# 主程序
box = Box(BOX_TOP_X, BOX_TOP_Y, BOX_WIDTH, BOX_HEIGHT, DURATION)
box.set()             # 游戏的初始设置
box.wait_start()      # 等待开始
box.animate()         # 动画
```

box 是“游戏区域”Box 主程序的实例，在其中进行各个处理。

练习题 8.2　打砖块游戏的完成

对使用类改写的程序进行重构，将程序改写成不仅“可运行”，而且“结构上”也易读、易维护的形式。以“重构的完成”作为“程序的完成”[1]。

练习题 8.3　游戏世界的定义

在打砖块游戏中对“球”“推杆”“砖块”等进行了建模。除此之外，

[1] 这个练习题的参考程序与练习题 8.1 是同一个。

大家思考一下，在我们身边的游戏中，是如何将“物理世界”或“现实世界”建模的呢？在游戏世界中又是如何表现的呢？

（这个问题没有参考解答程序）

8.9 总结 / 检查清单

总结

1. 对确认完动作的程序重新评估其结构等并改写，称为重构。

2. 在重构中，除了程序的写法要遵守规范之外，还会对逻辑进行修改。

3. 对于性质和行为有很多共同点的要素，可以通过定义基类让其继承，来减少单个处理。

4. 通过在类定义中填入信息，防止变量被不小心改写，实现信息的封装（encapsulation）。

5. 如果持续使用 if 语句进行处理，或者处理的整体变得难以理解，可以将其分成几个方法，写明“处理单位”。

检查清单

- 了解继承上级类的“类定义”的写法了吗？
- 了解列表的加法的写法了吗？

专栏

类图

类图采用 UML（unified modeling language，统一建模语言）把面向对象编程中的设计的描述统一了起来。UML 中除了类图以外，还规定了活动图、用例图、序列图等描述结构和动作设计的图。

在这里，对于之前出现的聚合（aggregation）和泛化（generalization）以外的类之间的关系（表 8.1），我们简单说明一下类图的写法和意义。

表 8.1　类图中类之间的关系

关　系	线的形状
关联（association）	————
聚合（aggregation）	◇————
组合（composition）	◆————
泛化（generalization）	◁————
实现（realization）	◁- - - - - -
依存（dependency）	←- - - - - -

- 关联

如果类之间有关联，如员工和公司的关系等，就可以用关联来表示。

- 聚合

聚合是关联的一种，表示“part-of ”的关系。它在本章中也出现过，把几个实例整合成另一个实例的一部分。

- 组合

组合就像“整体和部分”一样，是一种“一方用于构成另一方，缺少了就不成立”的关系。例如，汽车有轮胎和发动机这样的组合。

- 泛化

泛化表示 Java 等的继承，即“is-a”的关系。打砖块游戏中的球和推杆可以被泛化为 MovingObject（移动的东西）。

- 实现

实现是指类中的一方（客户）实现了另一方（供应商）的行为。我们都知道 Java 的 interface 就是 realization，其继承抽象类作为 interface 并生成具体窗口等的关系。

- 依存

依存是指如果改变一个实例，另一个实例也将发生改变。例如，如果有商品类和订购类，如果商品对象有改变，对订购对象也会产生影响。此时，订购类就依存于商品类。

第 3 部分

益智游戏的编写练习

第 9 章

通过 MVC 分离功能

在编写复杂的系统时，有意识地使用已知的架构（architecture）[①]有时会很有效。在本章中，作为编程的下一阶段，我们将围绕 MVC 这一用户界面系统中经常使用的架构来创建游戏系统。

MVC 是模型（对象）、视图（可视化）、控制器（操作）的首字母缩写。MVC 模型提供了一种在分离这三种角色的同时，又能把它们很好地关联起来协同运行的机制。本章我们将重点介绍 MVC 架构中的“分离角色”。

① architecture 的意思是建筑、建筑样式、结构，这里指的是计算机程序的构造。

9.1 扫雷游戏的引入

至此，我们以“打砖块游戏”为题材，学习了面向对象编程和程序编写的基本知识。

从本章到第 11 章，我们的目标是一边编写“扫雷游戏”（图 9.1），一边实现更高水平的编程。

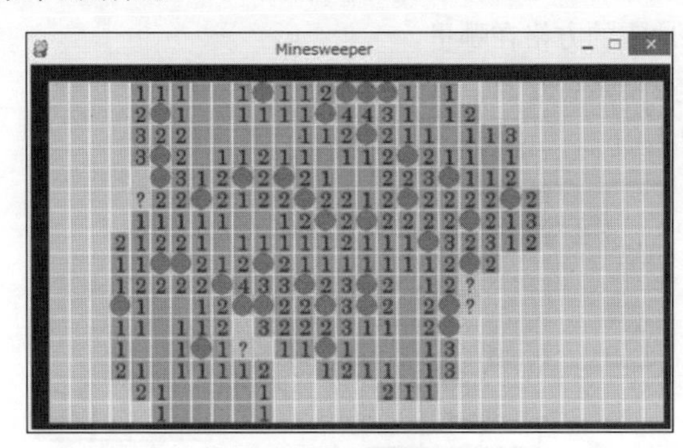

图 9.1 扫雷游戏

通过编写“扫雷游戏”学习以下内容。

- 建模演习。
- 使用算法进行计算和处理。

扫雷是一种什么样的游戏呢?

1．在 m×n 的方格中随机布置地雷（mine）。

2．玩家可以“打开”方格。

- 如果打开的方格中有“地雷”，则游戏结束，玩家失败。
- 否则方格中显示数字。数字表示周围存在的地雷个数。

（与此方格相邻的方格中放置的地雷总数。）

3．如果把没有放置地雷的方格全都打开了，游戏就结束，玩家胜利。

在这里，根据 MVC 架构的思路，对游戏中重要的棋盘（盘面）以及与之对应的用户界面的设计进行如下分工。

- 模型（M）：场景的状态（state）及状态的变化。
- 视图（V）：使模型所表示的状态可视化。
- 控制器（C）：基于用户的输入向模型请求改变状态。

9.2 状态的建模

“状态”在计算机科学中是非常重要的词语。

“扫雷”中棋盘的“状态”用于说明游戏中的某个瞬间“棋盘是什么样子”的信息。为了说明棋盘，这里收集以下信息作为“状态”。

- 板（土地、场地）：板按网格分成方格。
- 隐藏地雷的方格在哪里。
- 各个方格是否打开。

请看图 9.2。

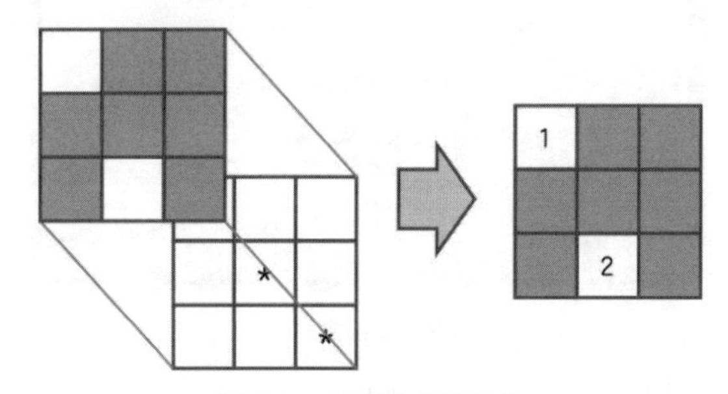

图 9.2　扫雷游戏的棋盘

在图 9.2 中，左图上的 9 个方格表示“各个方格是否打开”的状态，左图下的 9 个方格表示“隐藏地雷的方格在哪里”的状态。而右图中的 9 个方格以左图方格的状态为基础，向游戏玩家提供“周围存在的地雷数量”的信息。

我们试着更准确地说明它们。9 个方格的位置用

```
(0, 0), (1, 0), (2, 0)
(0, 1), (1, 1), (2, 1)
(0, 2), (1, 2), (2, 2)
```

来表示。这样就可以说明，打开的方格是(0,0)和(1,2)，隐藏地雷的方格是(1,1)和(2,2)，在打开的方格(0,0)和(1,2)的周围存在的地雷数量分别是 1 个和 2 个。游戏玩家会以打开的方格上显示的数字为线索，一边推测“隐藏地雷的方格的位置”，一边继续打开更多的方格。

“状态”在非游戏的程序中，有时会定义程序执行本身，如“初始化前”“计算处理后”等；有时也会定义对多个对象之间的关系，如某游戏中的玩家是被“敌人”“发现的状态”还是“未发现的状态”等。

9.3 模型（状态的表现）

那么，让我们实际把棋盘的状态落实到程序中吧。

例题 9.1 各种状态的表现

使用 Python 的类来实现表示扫雷棋盘的“模型”。在实现中，使用以下属性。

- height、width：棋盘的大小（方格纵横个数）。
- mine：每个方格是否有地雷。
- is_open：方格是打开状态还是关闭状态。

程序 9.1 09-board-1.py（方法 1：使用集合实现棋盘）

```
1   # Python 游戏编程：第 9 章
2   # 例题 9.1 各种状态的表现（集合）
3   # ------------------
4   # 程序名：09-board-1.py
5
6   from dataclasses import dataclass, field
7
8   @dataclass
9   class Board:
10      height: int
11      width: int
12      mine: set=field(default_factory=set)
13      is_open: set=field(default_factory=set)
14
15  board = Board(3, 3)
16  board.mine.add((1, 1))
17  board.mine.add((2, 2))
18  board.is_open.add((0, 0))
19  board.is_open.add((1, 2))
20  print(board.mine)
21  print(board.is_open)
```

这里有一处写了

```
mine: set=field(default_factory=set)
```

这行代码的意思是：mine 是 set（集合），用于初始化的函数（default_factory）是 set，即初始化处理是

```
self.mine = set()
```

也就是说，在这个示例中使用了 Python 的 set（集合）对象。

程序 9.1 的执行结果如图 9.3 所示。

```
{(1, 1), (2, 2)}
{(1, 2), (0, 0)}
>>>
```

图 9.3　程序 9.1 的执行结果

为了表示与图 9.2 相对应的状态，用元组表示位置。

程序 9.2　用元组表示位置

```
width = 3
height = 3
mine = {(1, 1), (2, 2)}
is_open = {(0, 0), (1, 2)}
```

表示位置的(1,1)等是元组（顺序型）数据，与列表[1,1]基本相同。它在第 6 章里也出现过。另外，在提取元素时，采用和列表相同的写法。

程序 9.3　元组元素的提取

```
x = (1, 2)
print(x[0]) # 显示第 0 个元素 1
print(x[1]) # 显示第 1 个元素 2
```

元组与列表最大的不同之处在于，元组是不可改变的（不可变的，immutable）对象，不能增加或删除元素。

属性 mine 和 is_open 用对应方格位置的集合表示。例如，在程序 9.2 中，只有(1,1)和(2,2)是集合 mine 的元素，即“地雷所在方格的位置是(1,1)和(2,2)，其他方格中都没有地雷”。is_open 也是如此。

程序 9.4 中列出了集合对象的使用示例。

程序 9.4　集合的使用示例

```
x = set()      # 创建空集合
x.add(2)       # 向集合中添加对象
x.add(3)       # 向集合中添加对象
x.add(3)       # 3 已经是 x 的成员了，所以 x 没有变化
print(x)       # -> 显示为{2, 3}
```

```
print(3 in x)  # 3 是不是集合 x 的成员? True 则表示是
for v in x:    # 显示集合 x 的各元素 v
    print(v)
```

在这个示例中，集合的使用方法基本上与列表的使用方法一样。不同之处在于，在添加元素时，用 add 方法代替 append 方法。此外有两点最大的不同，即添加的顺序不会被保存（unordered）以及相同的元素不会被添加。

接下来，让我们看看如何使用列表实现棋盘。在类的定义中，利用了 __post_init__ 方法，详细情况在程序 6.16 处已经进行了说明。

程序 9.5　09-board-2.py（方法 2：使用列表实现棋盘）

```
1   # Python 游戏编程：第 9 章
2   # 例题 9.2 各种状态的表现（列表）
3   # ------------------
4   # 程序名：09-board-2.py
5
6   from dataclasses import dataclass, field
7
8   @dataclass
9   class Board:
10      height: int
11      width: int
12      mine: list = field(init=False)
13      is_open: list = field(init=False)
14
15      def __post_init__(self):
16          self.mine = self.false_table()
17          self.is_open = self.false_table()
18
19      def false_table(self):
20          cells = []
21          for i in range(self.width):
22              vert = []
23              for j in range(self.height):
24                  vert.append(False)
25              cells.append(vert)
26          return cells
27
28  board = Board(3, 3)
29  board.mine[1][1] = True
```

```
30 board.mine[2][2] = True
31 board.is_open[0][0] = True
32 board.is_open[1][2] = True
33 print(board.mine)
34 print(board.is_open)
```

程序 9.5 的执行结果如图 9.4 所示。

```
[[False, False, False], [False, True, False], [False, False, True]]
[[True, False, False], [False, False, True], [False, False, False]]
>>>
```

图 9.4 程序 9.5 的执行结果

mine、is_open 属性的值用二维列表表示，将符合条件的方格记录为 True，将不符合条件的方格记录为 False。图 9.4 中对应的状态如下所示。

```
width = 3
height = 3
mine = [[F, F, F], [F, T, F], [F, F, T]]
is_open = [[T, F, F], [F, F, T], [F, F, F]]
```

这里的 T 为 True 的省略、F 为 False 的省略。在这种状态下，mine 的第 1 列为

```
mine[1][0]: False
mine[1][1]: True
mine[1][2]: False
```

说明了“(1,0)和(1,2)中没有地雷，(1,1)中有地雷”。is_open 也是一样的。例如，is_open[1]的元素[F, F, T]表示的是“没打开、没打开、打开”的状态，这是将 x 坐标为 1 的方格中的状态按“纵向”顺序排列而成的。

以上用两种方法表示了棋盘的状态，两种方法都是不用提及具体的棋盘形状、方格颜色等“显示方式”，就表现出了游戏的重要部分。

像这样从系统中选出的重要部分就是 MVC 中的“模型”。

9.4 模型（状态的变化）

还可以让模型具有改变状态的功能。这里只考虑

打开方格

这一功能就足够了。之后，为了让游戏更容易进行，会加入“可以在没打开的方格中放置旗子（flag）并做记号”的功能，但现阶段的模型不考虑

旗子的状态。

使用集合来实现时（方法 1），如下：

程序 9.6　（方法 1）使用集合时的 open

```
@dataclass
class Board:
    ... # 同前
    def open(self, i, j):
        loc = (i, j)
        self.is_open.add(loc)
board = Board(3, 3)
board.mine.add((1, 1))
board.mine.add((2, 2))
board.open(0, 0)
board.open(1, 2)
```

使用列表来实现时（方法 2），如下：

程序 9.7　（方法 2）使用列表时的 open

```
@dataclass
class Board:
    ... # 同前
    def open(self, i, j):
        self.is_open[i][j] = True
board = Board(3, 3)
board.mine[1][1] = True
board.mine[2][2] = True
board.open(0, 0)
board.open(1, 2)
```

9.5　视图（可视化）

好不容易编写出了游戏，如果只是用 print 函数来显示数值和标志，那就太没意思了。要想做得像“游戏”，就必须制作“画面”。

视图的意思正如它的名字（view），表示所看到的事物和风景，它的作用是将模型所表示的“状态”以外部易于理解的形式可视化（visualize）。

在“扫雷”游戏中，需要的是能够简单易懂地显示以下内容的视图。

- 棋盘：分成方格。

- 空方格：相邻地雷个数的数字（0 ~ 8）。
- 没打开的方格：什么都没有。
- 地雷（仅游戏结束时）。

视图在这里利用 tkinter 的 Canvas 来表现。下面将展示在 9.4 节的“方法 1”中实现的模型中运行的视图。针对“方法 2”的模型制作视图则作为练习题。

首先，“相邻的方格有几个地雷？”是棋盘状况的说明之一，所以我们把它作为count方法编入模型Board类中，还要定义一种neighbors方法，用于返回指定方格(i, j)周围 8 个方向的方格位置。

例题 9.2　“周围”的定义和条件

创建neighbors方法将方格(i, j)周围的方格作为列表取出，再创建count方法算出该列表中包含的“地雷”数。

程序 9.8　neighbors 与 count

```
class Board:
    ...
    def neighbors(self, i, j):
        x = [(i-1, j-1), (i, j-1), (i+1, j-1),
             (i-1, j ), (i+1, j ),
             (i-1, j+1), (i, j+1), (i+1, j+1)]
        return x
    def count(self, i, j):
        c = 0
        for x in self.neighbors(i, j):
            if x in self.mine:
                c = c + 1
        return c
```

现在我们可以指定一个特定的方格，然后搜索它周围的方格。[①]

neighbors 方法也会返回(−1, 0)这种不存在的方格，但在这里我们只用通过 count 方法算出的方格，在这个前提下不用排除不存在的方格。因为不存在的方格里没有地雷。

但是，原本这种以前提为依托的做法是不好的。根据实现方法的不同，

① 列表 x 看起来是二维列表，其实是由 9 个具有 2 个元素的元组以一维方式排列而成的列表。

可能会导致引用了不存在的数据的错误。

因此，我们需要创建一个 is_valid 方法来验证坐标(i, j)是否存在。

程序 9.9 is_valid

```
def is_valid(self, i, j):
    return 0 <= i < self.width and 0 <= j < self.height
```

在此基础上，neighbors 只返回周围的“实际存在的方格”（程序 9.10）。利用了列表的列表生成式（comprehension），第 6 行的 value=...部分的意思是“对于列表 x 的每个元素 v，只将满足 is_valid(v[0],v[1])的 v 添加到列表 value 中”。列表生成式的更详细的说明请参见本章的专栏。

程序 9.10 只返回存在的方格的 neighbors

```
1    def neighbors(self, i, j):
2        x = [(i-1, j-1), (i, j-1), (i+1, j-1),
3             (i-1, j ), (i+1, j ),
4             (i-1, j+1), (i, j+1), (i+1, j+1)]
5
6        value = [v for v in x if self.is_valid(v[0], v[1])]
7        return value
```

既然出现了列表生成式，那么关于程序 9.5 的 false_table，我们也用列表生成式来写一下。

```
cells = [[False for y in range(self.height)] for x in range (self.width)]
```

cells 是个双重列表，外列表重复 self.width 次地给出内列表。内列表是第二维列表，重复 self.height 次返回 False。利用列表生成式写出的程序会变短。

接下来，用 draw_board 函数和由该函数调用的 draw_text 函数来绘制 Canvas 的状态。

例题 9.3 状态的绘制（可视化）

在 Canvas 上绘制 3 × 3 的方格，并创建 draw_board 函数，如果是打开的方格则显示周围的地雷数，如果是未打开的方格则显示“-”，再创建 draw_text 函数，在方格中显示文字。

程序 9.11 （方法 1）draw_board 和 draw_text

```
OFFSET_X = 100
```

```
OFFSET_Y = 100
CELL_SIZE = 40
FONT_SIZE = 20
FONT = "Helvetica " + str(FONT_SIZE)

@dataclass
class Board: ...              # 同前

def draw_board(board):
    canvas.delete("all")
    for i in range(board.width):
        for j in range(board.height):
            text = ""
            if (i, j) in board.is_open:
                if (i, j) in board.mine:
                    text = "*"
                else:
                    text = str(board.count(i,j))
            else:
                text = '-'
            draw_text(i, j, text)
def draw_text(i, j, text):
    x = OFFSET_X + i * CELL_SIZE
    y = OFFSET_Y + j * CELL_SIZE
    canvas.create_rectangle(x, y, x + CELL_SIZE, y + CELL_SIZE)
    canvas.create_text(x + CELL_SIZE/2, y + CELL_SIZE/2,
                       text=text, font=FONT, anchor=CENTER)

board = Board(3, 3)
board.mine.add((1, 1))
board.mine.add((2, 2))
board.open(0, 0)
board.open(1, 2)
draw_board(board)
```

请注意，在程序的最前面，要导入 tkinter 模块并创建 Canvas。

程序 9.12　Canvas 的初始化

```
from tkinter import Tk, Canvas

tk=Tk()
canvas = Canvas(tk, width=500, height=400, bd=0)
canvas.pack()
```

程序 9.11 的执行结果如图 9.5 所示。这是在所有方格都打开的状态下调用 draw_board 函数的结果，请尝试并观察在各种状态下是否能按照预期显示。

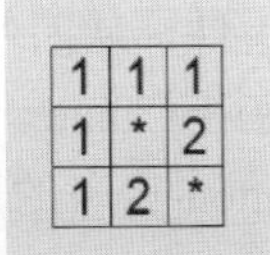

图 9.5　视图的示例

9.6　控制器（操作）

控制器的作用是将用户输入的信息传递给模型。可以通过这种传递来改变模型的状态。并且，将结果通过视图反映在画面上。控制器对扫雷盘面的工作有两个：

- 控制整个游戏。
- 在闭合的方格上按下按钮后，请求模型“打开被点击的方格”。

控制整体的部分将作为练习题。创建 on_click，并定义为鼠标按钮的事件处理程序。

练习题 9.1　鼠标事件的处理

创建鼠标的事件处理程序。

参考程序 9.13，获取鼠标点击的坐标，进行坐标计算，获得方格的编号。

（文件名：ex09-mouse-event.py）

程序 9.13　事件处理程序和控制器（部分伪代码）

```
def on_click(event):
    x, y = (event.x, event.y)           # 取得鼠标的 x 坐标和 y 坐标
    i = # 根据 x 求出方格的 x 坐标的位置
    j = # 根据 y 求出方格的 y 坐标的位置
    if board.is_valid(i,j):
        board.open(i, j)
        draw_board(board)               # 重绘

canvas.bind('<Button-1>', on_click)
```

在此之前，对于事件处理程序的定义我们使用的都是 bind_all。这次的 bind 只接收 canvas 中发生的事件，而 bind_all 则是把内部设计的按钮和标签等“画面部件”中发生的事件一并接收了。在之前的例子中，为了不

限于特定画面部件地接收键盘事件，从而使用了 bind_all，但是这次为了用鼠标指定画面上的小范围，使用了 bind。

关于接收鼠标事件的“<Button-1>”的详细信息见表 9.1[①]。

表 9.1 鼠标事件的指定

事　件	内　容
<Button-1>	点击了鼠标左键
<Button-2>	点击了鼠标滑轮
<Button-3>	点击了鼠标右键
<ButtonRelease-1>	松开了鼠标左键
<ButtonRelease-2>	松开了鼠标滑轮
<ButtonRelease-3>	松开了鼠标右键

因为在“松开”鼠标按钮前必须先点击它，所以在“点击鼠标左键后松开”这一系列的动作中，首先会发生“<Button-1>”，然后再发生“<ButtonRelease-1>”。一般情况下，只处理 click 就足够了。

另外，在求位置的时候，需要求商。利用舍去实数 x 的小数点以下的 math.floor 函数和求商运算符“//”即可。

程序 9.14　求商

```
import math

x = 10/3
print(x)                # -> 3.3333...
print(math.floor(x))    # ->3
print(10//3)            # ->3
```

练习题 9.2　在 3×3 的方格中完成控制器

在方法 1（使用集合表示位置）的实现中，完成模型的控制器部分。中间的显示示例如图 9.6 所示。

其中，未打开的方格显示为“-”。显示视图的 draw_board 函数可以直接使用程序 9.11 中的内容。另外，因为这个练习题与后面的练习题是分开的，所以即使不完成本练习题也能继续向下进行。

（文件名：ex09-mine-set.py）

[①] 在 macOS 中是 Button-2 和 Button-3 等。

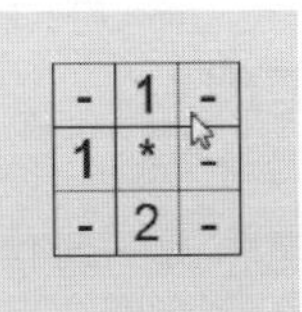

图 9.6　3×3 方格中的控制器的完成

练习题 9.3　使用随机数进行的初始设置

在练习题 9.3～练习题 9.5 中，思考如何制作 3×3 方格的扫雷。利用方法 2（使用列表表示位置）的模型来制作。

创建在 3×3 的方格中随机放置 2 个地雷的函数或方法。同一个地方只能放置一个地雷。

确定第一个地雷的位置，然后确定第二个的位置，不要在已经布置好地雷的地方再布置地雷。

如果在模型上布置了地雷，就把它显示在控制台上。即使这道练习题不会，也可以进行下一道练习题。

（文件名：ex09-mine-list-1.py）

练习题 9.4　相邻方格中地雷数量的计算

对于所有的方格，如果是没有地雷的方格，要显示相邻方格中的地雷数量。

（1）首先，创建一个方法，用于计算与位置(i, j)方格相邻的方格中的地雷数量；然后，创建一个程序，如果(i, j)中有地雷，则显示“*”，如果没有地雷，则在控制台上显示相邻方格中地雷的数量。

（2）如果上面的程序能按预期运行，就在 Canvas 中创建显示棋盘的视图。可以参考程序 9.11 中的 draw_board 函数。

（文件名：ex09-mine-list-2.py）

当位置(1, 1)和(2, 2)处有地雷时，如图 9.7 所示。

1	1	1
1	*	2
1	2	*

图 9.7　地雷数的显示

练习题 9.5 鼠标事件的实现

编写从所有方格都关闭（玩家看不到信息）的状态开始，用户按顺序依次打开方格的程序。这里不包括游戏结束的判断。也就是说，即使打开了有地雷的方格，玩家也可以继续打开方格。显示结果参考图 9.6。未打开的方格用“-”表示。只要改变程序 9.11 中的 draw_board 函数的一部分即可。

（文件名：ex09-mine-list-3.py）

9.7 MVC 的分离

拓展问题 9.1 结束的判断与 3×3 方格扫雷的完成

添加游戏结束的判断，用列表制作 3 × 3 方格的扫雷。

（文件名：ex09-mine.py）

它的实现形式是怎样的呢？在拓展问题 9.1 的解答示例中，按照之前例题的流程，实现了表 9.2 中的内容。

表 9.2 各方法与功能的整理

方法名	功 能	概 要	调用源
__post_init__	M	初始化	非类
false_table	M	生成二维数组	__post_init__
setup	M	游戏的准备	play
set_mine	M	地雷的随机数设置	setup
is_valid	M	索引的有效性判断	neighbors、on_click
open	M	打开方格	try_open
try_open	M	打开方格，显示结果	on_click
neighbors	M	创建表示周围的列表	count
count	M	计算地雷数	draw（View）
on_click	C	事件处理程序	非类
play	C	游戏的整体控制	非类
draw	V	棋盘的绘制	try_open、setup
draw_text	V	方格和文字的绘制	draw

模型中包含了制作“打开”方格的动作，还有在将其反映在画面上时所准备的方法。在这里，我们按照以下思路对 MVC 进行了分离。

1．模型（M）对象的属性不会直接通过控制器（C）或视图（V）进行变更，而是通过模型提供的方法进行变更。

2．只是从视图中引用对象的属性。

3．将包括用户操作在内的系统事件以及与整个程序操作有关的处理收集到控制器中。

4．如果对象属性相互关联，那么与特定对象属性相关联的其他对象的属性的修改也在模型中进行。例如，在打开方格时，不仅 is_open 的属性被变更，flag 的信息也被改写。

实际上，如果边看画面边编写控制器，有时也会同时进行视图和控制器的编写。但是，如果最终写好的程序的控制器和视图是分开的，整体就会变得容易理解，这一点很重要。

另外，大家注意到调用源为“非类”的方法只有__post_init__、on_click、play 这三个吗？因为__post_init__和 on_click 是从主程序的外部调用的，所以在直接编程的代码中，被类外的程序调用的只有 play 方法。写成这样的形式，代码就会更容易阅读。

9.8 总结 / 检查清单

总结

1．在程序中，把对象所具有的“状态”定义得很具体是很重要的。

2．为了描述“状态”，我们将研究对象需要具有的属性值（attributes）。

3．作为可以表示这些“状态”的模型（M），要定义对象（class）。

4．属性值的更改是通过模型的方法进行的。

5．为使“状态”能够显示得更清楚，准备了视图（V）。

6．通过用于从外部操作对象的方法构成控制器（C）。

7．当控制器更改属性值时，会调用模型的方法。

8．划分模型、视图、控制器（MVC）是一种很有用的软件架构（software architecture=软件的设计方针）方法。

检查清单

- 用(x, y)的形式表示的顺序型数据被称为什么?
- (x, y)形式的数据与列表最大的不同之处是什么?
- set定义的数据叫什么?
- 能说出set定义的数据与列表的两个不同点吗?
- 能说明为什么需要is_valid方法吗?

专栏

列表生成式

本章中首次出现了列表生成式。

程序 9.15　列表生成式

```
value = [v for v in x if self.is_valid(v[0], v[1])]
```

就是这一行。

如果不用列表生成式来写这段程序，就会变成下面这样的4行。

程序 9.16　列表生成式的展开

```
value = []
for v in x:
    if self.is_valid(v[0], v[1]):
        value.append(v)
```

使用列表生成式后，不仅可以使程序表达变短，而且可以使运行速度更快。在没有if的简单重复的情况下，如果写成:

程序 9.17　没有if的列表生成式

```
value = [i for i in range(5)]
```

将返回含有[0, 1, 2, 3, 4]这样小于5的整数的列表。列表生成式的一般形式为

v = [公式 for 变量 in 列表]

```
v = [公式 for 变量 in 列表 if 条件式]
```

如果除了if以外还有else，将更换书写顺序。例如，如果是3的倍数则给出“[3]”这个字符串，否则给出数字，此时，在通常的程序中，可以用后置if写成

程序 9.18　后置 if

```
value = []
for i in range(10):
    value.append(i if i%3!=0 else "[3]")
```

但是，如果用列表生成式来写，则要更换顺序，写成

```
value = [i if i%3!=0 else "[3]" for i in range(10)]
```

或者

```
value = ["[3]" if i%3==0 else i for i in range(10)]
```

如果后置 if，则会导致 Syntax Error。如果执行此操作，value 就变成

```
["[3]", 1, 2, "[3]", 4, 5, "[3]", 7, 8, "[3]"]
```

使用后置 if[①]的话，用一行就能表现需要分情况考虑的公式。因此，与列表生成式一起使用会很方便，所以一定要记住并灵活运用。

① 后置 if 是习惯性叫法，在 docs.python.jp 中不使用这个称呼。

第10章

模块化

在本章中，为了使程序易于管理且逻辑结构流畅，将在考虑重构的同时推进 MVC 的实现。此外，会将“一个对象”（模型）分离为独立的文件，将“零件”对象与“整体”（此处为“扫雷游戏”）对象分开的这种分离和分割作为主题来介绍。

10.1 “旗”功能的引入

在对整个游戏进行对象化之前，我们引入一个“旗”功能。

下面来整理一下，在扫雷游戏中“旗”的作用。

- 各方格上把无记号、有炸弹、注意等“状态”作为记号记录下来。记号的作用可以由玩家决定。
- 包括更改“记号状态”的功能。具体来说，就是改变(i, j)格中的记号（状态）的功能。
- 打开的方格不会显示“旗”，即在处于 is_open 状态的方格中，不能使用作为“记号”的“旗”。此外，在打开的方格中，不能进行“旗”的操作。

在第 9 章中，我们分别用集合和列表的方法定义了方格的 mine 和 is_open。两个都可以作为游戏的“状态”来考虑。然而，尽管“状态”的性质是相同的，但 mine 和 is_open 的作用却截然不同。mine 表示的是“哪里有地雷”，这个直到最后都对玩家“不公开”，游戏玩家能够享受探索有没有 mine 的乐趣；is_open 表示游戏玩家“打开”这一操作的结果。在“打开”之前，先推测“哪里有地雷”，然后标记上“这里有地雷，不要打开”的记号就是“旗”。

因为是玩家标记的，所以有可能是错的。如果插错旗子（把没有地雷的地方当作有地雷），周围的地雷数就不对了，结果就会打开地雷方格，游戏也就结束了。也就是说，mine 这个“状态”是计算机实际生成的，是在游戏进行过程中作为“问题”而“确定下来”的地雷的位置，而“旗”则是玩家在解谜过程中使用的记号。如果游戏玩家判断这里“没有地雷”，实际就等于进行“打开”的操作，其结果就是 is_open 的“状态”。如果没有地雷，则游戏继续。

那么，整理“旗”所拥有的值，再具体点就是“游戏玩家眼中的方格状态”，我们会得出以下结论。

所有的方格必定具有“无记号”“有炸弹的旗”“注意的旗”或 is_open 四种状态中的一个值，不存在重复的状态。

也就是说，将第 9 章中提到的 is_open 的状态管理与旗的状态结合起来进行也没有问题。不过，有一点必须考虑：

一旦方格变成 is_open，“旗”就不会再被操作。

还有一点也应该考虑到：

mine 只需拥有实际生成“地雷”的元组(i, j)或实例即可，而“旗”则被一一分配给所有未打开的方格，每个方格具有各自的状态。

怎样才能将这三个“设计零件”打造成“流畅的结构”呢？

按照所谓的“上游工程”的思考方式（在编程之前设计类和模型的部分），我们试着提出三个方案。

方案 1：给每个方格分配表示“旗”的对象。

- 准备一个名为 Flag 的类。就像第 9 章中介绍的 Board 一样，是一个对象，控制作为标志的动作。
- 在初始状态下，为所有的“方格”准备“无记号”的 Flag 对象，保存为列表 Flag。
- 准备已打开的方格列表 is_open。如果打开的方格(i, j)没有地雷，则将(i, j)保存（添加）到 is_open 中，并将该方格的 Flag 对象从列表 Flag 中去除。
- 在 is_open 的列表中没有包含的方格，单击可以“打开”，右击可以切换无记号、有炸弹、注意等状态。

这样一来，用所有的方格数减去 is_open 的列表个数，得到的数如果等于 mine 的列表个数，就 Game Clear 了。

可能比较麻烦的是(i, j)方格位置的旗子状态的提取操作。打开后添加到 is_open 的方格会删除 Flag，所以有 Flag 或没有 Flag 也会很麻烦。

方案 2：统一管理“旗”以及方格是否打开的状态。

- 新引入一个 Cell 类，使其具有 is_open 并作为其“属性值”之一。
- 在 Cell 对象中，与用列表实现的 is_open 一样，用 width × height 的表格 flag 保存各个“旗”的状态。

也就是说，在 Cell 类中，让属性值具有 is_open。虽然每次有单击等“操作”的处理都会比较简单，但是“游戏通关的判定”等判定部分的程序可能会变得有点烦琐。

方案 3：简单地用表格管理“旗”的状态。

- 在 Board 类中，与用列表实现的 is_open 一样，用 width × height 的表格 flag 保存各个“旗”的状态。
- “打开”操作和“切换旗”的处理全部用 Board 类的方法来写。

如果使用这种做法，整个游戏就会由一个文件构成。

大家还能想到其他的实现方法吗？在开始编写前，“更改方针”比较容易。至于哪种方法最好，要具体情况具体分析。每个程序负责人擅长的内容不同，这些不同可能会导致实现方法不一样。即便如此，一般来说还是希望采用“易于维护”，也就是“别人读了也容易理解”的写法，并且逻辑上要简洁明了。此外还有一些“应该重视的地方”。例如：

- 计算成本小（不必要的计算少）。
- 画面操作简单。
- 内存使用量少。
- 代码短。
- 代码易读。

虽然本书并不会对每一种编码方法都进行介绍，但是在开始学习的阶段，为了能提供更多的“选项”，要尝试编写尽可能多的“例题”程序。

首先，以采用方案 1 为前提，介绍一下引入了 Flag 类的示例程序。

例题 10.1 Flag 的状态变化与 Flag 对象的引入

能用鼠标操作旗。

每次在关闭的方格上右击时，按“无记号→有炸弹→注意→无记号→有炸弹→注意→……”这样的顺序改变记号。

右击处理和绘制记号的方法请参考程序 10.1。这里的记号是圆的，但是实际加入像“旗”一样的图画的话会更有趣。通过前面的知识，我们可以用直线和三角形来画“旗”。

程序 10.1 10-change-flag.py（Flag 的状态变化）

```
1  # Python 游戏编程：第 10 章
2  # 例题 10.1 Flag 的状态变化
3  # ------------------
4  # 程序名：10-change-flag.py
5
6  from tkinter import Tk, Canvas
7  from dataclasses import dataclass, field
8
9  CELL_SIZE = 40
10
11 @dataclass
12 class Flag:
13     flag: int = field(init=False, default=0)
14
15     def update(self): # 轮换颜色
16         self.flag = (self.flag + 1) % 3
17
18 def draw_flag(x, y, color):
```

```
19        canvas.create_oval(x - CELL_SIZE/2, y - CELL_SIZE/2,
20                           x + CELL_SIZE/2, y + CELL_SIZE/2,
21                           outline=color, fill=color)
22
23    def on_click_right(event):
24        x, y = (event.x, event.y)
25        canvas.delete("all")
26        f.update()
27        if f.flag == 1:
28            draw_flag(x, y, "red")
29        elif f.flag == 2:
30            draw_flag(x, y, "yellow")
31
32    tk = Tk()
33    canvas = Canvas(tk, width=500, height=400, bd=0)
34    canvas.pack()
35
36    f = Flag()
37    canvas.bind('<Button-3>', on_click_right)
```

10.2 文件的分割

接下来，我们根据方案 2（统一管理“旗”以及方格是否打开的状态）进行编程。在之前给出的例题中，我们已经将 Board 定义为整个游戏的管理类。在 Board 类中管理了 is_open，但如果采用方案 2，思路要发生如下变化：

- 在 Cell 类中，将方格的所有状态都用属性值来表示。
- 将所有(i, j)坐标对应记号的状态保存到列表 cell 中。
- is_open 由 Cell 类管理，用 True/False 回答来自外部的 is_open 方法的询问。
- 在主 Board 类中不进行方格的状态管理，只处理单击和对应结果的处理。

实习课题 10.1 文件的分割

定义如程序 10.2 所示的 Cell 类，作为独立的文件保存起来。不过，文件名采用 p10cell.py。

程序 10.2　p10cell.py（Cell 类的文件）

```
1   # Python 游戏编程：第 10 章
2   # 实习课题 10.1 文件的分割
3   # ------------------
4   # 程序名：p10cell.py
5
6   from tkinter import Tk, Canvas, CENTER
7   from dataclasses import dataclass, field
8
9   @dataclass
10  class Cell:
11      canvas: Canvas
12      width: int
13      height: int
14      cell_size: int
15      offset_x: int
16      offset_y: int
17      font: str
18      opened: list = field(init=False)
19      flag: list = field(init=False)
20      id_flag: list = field(init=False)
21      id_text: list = field(init=False)
22
23      def __post_init__(self):
24          self.opened = [[False for y in range(self.height)]
25                         for x in range(self.width)]
26          self.flag = [[0 for y in range(self.height)]
27                       for x in range(self.width)]
28          self.id_flag = [[None for y in range(self.height)]
29                          for x in range(self.width)]
30          self.id_text = [[None for y in range(self.height)]
31                          for x in range(self.width)]
32          for i in range(self.width):
33              x = i * self.cell_size + self.offset_x
34              for j in range(self.height):
35                  y = j * self.cell_size + self.offset_y
36                  self.canvas.create_rectangle(
37                      x, y, x + self.cell_size, y + self.cell_size
38                      )
39                  self.id_flag[i][j] = self.canvas.create_oval(
```

```
40                  x + 1, y + 1, x + self.cell_size - 1,
41                  y + self.cell_size - 1,
42                  outline="white", fill="white"
43                  )
44              self.id_text[i][j] = self.canvas.create_text(
45                  x + self.cell_size/2,
46                  y + self.cell_size/2,
47                  text="-", font=self.font, anchor=CENTER
48                  )
49
50      def is_open(self, i, j):
51          return self.opened[i][j]
52
53      def update(self, i, j):          # 轮换颜色
54          self.flag[i][j] = (self.flag[i][j] + 1) % 3
55
56      def draw(self, i, j, text=""):
57          if self.opened[i][j]:        # 如果是打开的，则显示文本
58              self.canvas.itemconfigure(self.id_text[i][j], text=text)
59          elif self.flag[i][j] == 0:   # 无记号的状态
60              self.canvas.itemconfigure(self.id_flag[i][j],
61                                        outline="white", fill="white")
62              self.canvas.itemconfigure(self.id_text[i][j], text="-")
63          elif self.flag[i][j] == 1:   # 危险记号：红圈
64              self.canvas.itemconfigure(self.id_flag[i][j],
65                                        outline="red", fill="red")
66          else: # self.flag[i][j] == 2  # 疑问句：黄色
67              self.canvas.itemconfigure(self.id_flag[i][j],
68                                        outline="yellow",
69                                        fill="yellow")
70
71      def open(self, i, j):
72          self.opened[i][j] = True
73          # 打开后不再显示“旗”标志
74          self.canvas.delete(self.id_flag[i][j])
```

在这个实习课题中，把定义为 Cell 的类作为一个独立的文件。

按类分割文件有什么好处呢？

- 可以将一个类作为“单独封闭的”独立的“零件”来使用。
- 通过分割文件提高了“零件”的独立性，在“使用零件”的程序

中可以不用在意“零件内部”（封装）。

- 通过划分作用域，需要显式地传递参数，从而可以更加明确执行类（模块）所需的变量。
- 不用担心不小心从模块之外改写模块管理所需的变量值。

我们可以列举出以上这些好处。从结果来看，以模块为单位的文件结构更容易管理。

我们在编写程序时，会出现“想从外部改变对象（实例）内部的状态”的情况。然后，有人会写这样的程序：将实例内的变量声明到 global，然后直接赋值。

这是绝对要避免的一种编程。它破坏了对象的“独立性”，成为出现 bug 和错误的原因。当你想从外部改变实例变量时，可以这样思考：这里举个简单的例子，以本书前半部分介绍的“打砖块游戏”中的“球”为题材思考一下。

1．整理知识，看看那些想要改变值的实例变量保存了哪些信息。

具体来说，假设 Ball 类的 x 坐标和 y 坐标保存了球的左上坐标。

2．整理知识，看看在对象“发生了怎样的变化”时，该变量会“改变值”。

球的坐标发生变化，是指在随着时间的推移而“移动”时发生变化。

3．考虑一下，对象在做什么“动作”时，或者外部有什么“操作”时，更具体地说，是在执行什么方法时，该变量会“改变值”。

球的移动是在做 move 这个“动作”时，是在执行 move 这个“方法”时。

4．实例变量的值不是从外部直接改变的，而是根据方法的执行结果而改变的。在一些情况下，外部甚至感觉不到该实例变量（属性值）的存在。

对于球来说，在 move 方法中更新坐标值。

如果是“从外部移动球”，那就不是由对象自身决定的通常的 move 动作了。在这种情况下，可以另外创建方法，如 warp（瞬移），从外部指定坐标，而移动操作则交给对象自己。

在面向对象的说明中曾讲过，让“人”类和“狗”类继承“动物”类，赋予“吃”这个动作。为了实现“吃”这个动作，如果是“人对象”，则与“使用餐具”等各种各样的描述和属性有关系，但是如果从“人对象”外面看，只要看到“吃”这个方法就够了。

10.3 整体对象化

实习课题 10.2 文件分割的主程序

以调用分离的 Cell 类的形式，完成包含游戏管理类 Board 的主程序。（文件名：ex10-board.py）

在这里，为了在主程序中从模块 p10cell 中导入 Cell 类，必须像程序 10.3 那样进行声明。

程序 10.3 用来利用 Cell 的声明

```
from p10cell import Cell
```

这里，p10cell 是在实习课题中创建的 Python 文件，名字是 p10cell.py。在这个模块中，声明了 Cell 类。

在 Python 的编码规范（PEP 8）中，有如下的“推荐事项”。

- 类名称：以开头大写的 Camel 格式[①]命名。
- 包名：推荐全部小写的短名称，不推荐使用下划线。
- 模块名：推荐全部小写的短名称。为了便于阅读，可以使用下划线，也可以将其设置为 Snake 格式[②]。

此处，类的名称是 Cell，模块的名称是 p10cell。在 PEP 8 中，除了第 6 章末尾的专栏“import 的两种写法”之外，关于 import 语句还有如下描述。

import 语句应按以下顺序分组：

1. 标准库。
2. 与第三方相关的。
3. 本地应用程序/库特有的。

上面每一组之间应该空一行。import 语句通常应该分行写。

按照这个格式写 import 语句的话，如程序 10.4 所示。

---

① Camel 是背上有驼峰的骆驼。Camel 格式是像骆驼的驼峰一样，只把每个单词开头的首字母大写然后连接起来作为变量名的写法，如 CellOfSuspiciousMine=“疑似有地雷的方格”等。

② Snake 是蛇。单词和单词之间用下划线连接，只用小写字母和下划线作为一个名称，如 is_open、to_do_list 等。

程序 10.4 推荐的 import 写法

```
from tkinter import Tk, Canvas
from dataclasses import dataclass, field
import math
import random

from p10cell import Cell
```

养成习惯后，就很难将其改为“按照编码规范的写法进行编写”。所以在养成习惯之前，最好先阅读一下编码规范。

10.4 注意代码的易读性

我们让 Cell 类具有了 is_open 方法。结果就是可以让代码的可读性更强。例如，Board 类的事件处理模块可以写成程序 10.5 这样。

程序 10.5 on_click_right 方法

```
    # 右击时的处理
    def on_click_right(self, event):
        (i, j) = self.get_index(event.x, event.y)
        print("右", i, j)                # 在调试时，确认计算是否正确的例子
        if self.is_valid(i, j):                 # 如果是有效的索引
            if not self.cell.is_open(i, j):     # 如果还没打开
                self.cell.update(i, j)          # 改变标记的状态
                self.cell.draw(i, j)            # 重绘
```

if not self.cell.is_open(i, j) 部分像 cell.is_open = “方格如果是 open 的”这样，以接近自然语言的形式来读。这部分程序如果写成英文就是 “If cell[i][j] is not open,”。

例如“画方格”等，就像 self.cell.draw(i, j)一样，形成了宾语“方格”和动词“画”的结构，程序就能以接近自然语言的形式表达出来。此外，如果有效地使用对象的继承和协议，整个程序都会变得容易阅读。反过来说，在编写程序时，为了使其易于阅读，对象和方法的设计思路很重要。

如程序 10.2 所示，让个别的类（如 Cell 等）拥有 draw 方法，可以防止在上层的 Board 类中出现诸如 draw_flag 和 draw_mine 等方法的泛滥。程序在结构上就是，上层有上层的 draw，在从该 draw 使用协议时就适当调用个别类的 draw。

10.5 总结 / 检查清单

总结

1．为了明确程序的结构，有时会将独立的类（群）的文件分割成模块。

2．通过分割文件，提高了模块之间的独立性。

3．用封装的思路提高独立性，内部使用的属性值等不对外显示。

4．尽量不使用 global 等全局变量。

5．考虑到整体结构，我们将对字典、集合、列表、散列等各种实现方式进行比较和讨论，并探讨适合给定环境和目的的实现方法。

检查清单

- 像“A → B → C → A → B → ...”这样让三种值循环的设定是怎样实现的？
- Camel 格式与 Snake 格式的写法有什么不同？

第 11 章

搜索算法

在扫雷游戏中，如果玩家在打开方格A时发现A的数字是0，也就是说，知道了在打开的方格A周围没有地雷，那么可以放心打开方格A周围的8个方格。然后，如果周围的8个方格中的某一个方格（假设方格B）的数字是0，就可以放心地打开方格B周围的8个方格。这样就可以连锁反应般地打开多个方格。因此，在这种情况下，周围的方格就会自动地、连锁地打开。

在本章的例题中，我们将学习搜索算法，在扫雷游戏中，创建一个程序，自动打开与0方格相连的“可打开方格”。

11.1 图表

例题 11.1 打开周围的方格

实现这样的功能：如果玩家打开的方格的数字是 0（即打开的方格周围没有放置地雷），周围相邻的方格也可以自动打开。

使用集合和使用列表这两种情况的代码是不同的。与第 10 章的实现中用 Cell 类的方法定义 is_open 的情况也不一样。首先我们来尝试写一下伪代码。

程序 11.1 open_neighbors 的伪代码

```
(i, j) 方格的数字如果是 0:
    (i, j) 相邻的各方格 (i', j'):
        打开(i', j')方格
```

这里并不太难。但是需要注意的是，行和列边缘的方格周围的方格数并不是 8 个。在以前的参考程序中，我们在 Board 类中引入了 count 方法和 neighbors 方法来计算放置在方格周围的地雷数。由于第 10 章引入了 Cell 类，并且已经引入了 self.cell.open(i, j)，在这样的前提下试着把代码变成程序 11.2。

程序 11.2 open_neighbors(i, j)（Board 类）

```
if self.count(i, j)==0: # (i, j) 方格的数字如果是 0:
    # (i, j) 相邻的各方格 (i', j'):
    for (xi, xj) in self.neighbors(i, j):
        if self.is_valid(xi, xj): # 如果是有效方格
            self.cell.open(xi, xj) # 打开方格 (i', j')
```

那么，比较难一点的是“连锁反应”的部分。

这里也可以通过几种方式来实现。在此，将其归结为图表搜索问题这一基本问题来考虑。图表由节点（顶点）集合和链接（边）集合构成。在这个问题中，试着用节点表示“方格”，用链接表示邻接关系。在 4×4 的游戏中，这个图表结构可以用图 11.1 表示。

图表搜索是指按照一定的顺序访问图表的各个节点。这种“搜索”应用于一边访问各节点一边进行某些处理，或者找到满足某个条件的节点等

处理。在这个例题中，基本是进行以下处理：

访问从某个0方格（节点）沿着链接到达的所有0方格（节点），同时打开该方格。

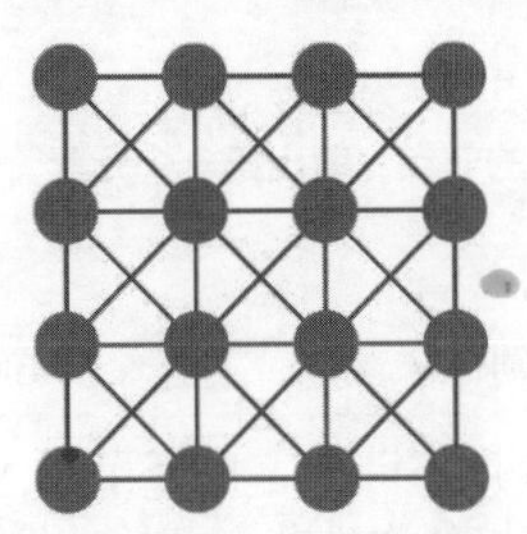

图 11.1　节点与链接

用图表理论的术语来解释，就是“现在，如果考虑把每个方格作为节点，并且只有相邻的 0 方格具有链接，那么求出包含第一个打开的方格作为节点的链接分量，并打开它们”。但是，用这个方法（以及后面介绍的算法），无法打开一些可以自动打开的方格。请各自修改，把能自动打开的方格全都打开。

图表搜索算法就是指图表搜索的步骤。这个步骤规定节点的访问顺序。

在本章的例题中，我们分别尝试具有代表性的宽度优先搜索（Breadth First Search，BFS）算法和深度优先搜索（Depth First Search，DFS）算法。

11.2　宽度优先搜索算法

宽度优先搜索算法是一种从搜索起始节点附近的节点开始依次访问的方法。在图 11.2 中，用两个图表的例子来表示搜索的情况。圆圈表示节点，圆圈中所写的数字就是访问的顺序。

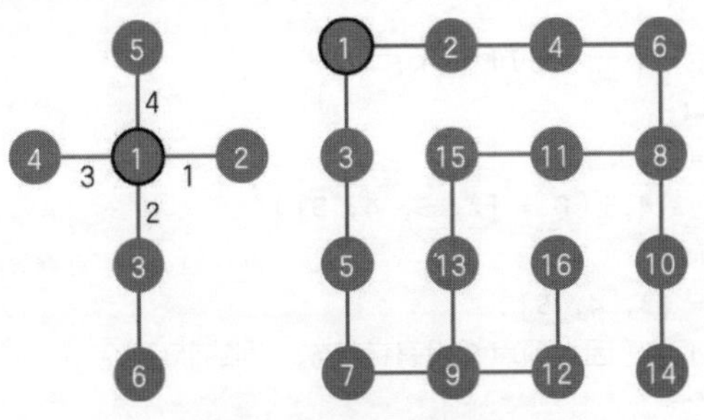

图 11.2　宽度优先搜索

基本的算法是，以搜索的起始点为 s，如程序 11.3 所示。

程序 11.3 宽度优先搜索的伪代码

```
下一个要访问的节点 = [s]
while “下一个要访问的节点”不为空:
    v = 从“下一个要访问的节点”取出第一个元素
    将 v 设为“已访问”
    for 链接 v 的各节点 v':
        如果 v' 未访问，则将 v' 加入“下一个要访问的节点”
```

在倒数第 2 行中，选择“链接 v 的各节点 v' ”的顺序是任意的。在图 11.2 中，从 v 的右边链接的末端节点开始，按照顺时针方向访问。

这里，“下一个要访问的节点”是一种被称为队列（queue）的数据结构。它具有最先放入（入队，enqueue）的元素最先被取出（出队，dequeue）的特征，这种特征被称为先进先出（First-In First-Out，FIFO）。排队的顺序就是处理的顺序。如图 11.3 所示，最先放入的 1 最先被取出，新放入的 200 被放到队列最后。

```
←1  2  3  100            ←200
```

图 11.3　队列

例如，便利店收银台前的排队、银行 ATM 机前的排队、知名拉面店的排队、主题公园乘坐交通工具前的排队等，都是 FIFO 型排队（但持有预约券或优先通行证的除外）。

对于图 11.2 左侧的图，以 1 号节点为搜索起始点，如果勾画应用宽度优先搜索的轨迹，如程序 11.4 所示。这里变量 Q 对应程序 11.3 中的“下一个要访问的节点”。

程序 11.4　宽度优先搜索的轨迹

```
s = 1
Q = [s]（Q 表示“下一个要访问的节点”）
while 的第 1 次:
    v = 1（Q = []）
    Q 中添加 2,3,4,5（Q = [2, 3, 4, 5]）
while 的第 2 次:
    v = 2（Q = [3, 4, 5]）
    Q 中什么也不加（因为顶点 2 没有链接未访问的节点）
while 的第 3 次:
    v = 3（Q = [4, 5]）
```

```
    Q 中添加 6（Q = [4, 5, 6]）
while 的第 4 次:
    v = 4 (Q = [5, 6])
    （注意，下面已经没有要加上的节点了）
while 的第 5 次:
    v = 5（Q = [6]）
while 的第 6 次:
    v = 6（Q = []）
while 的第 7 次:（Q 为空 []，所以跳出循环）
```

例题 11.2 宽度优先搜索

将起始方格设为(i,j)，用伪代码描述连锁打开数字为 0 的方格周围的宽度优先搜索算法。

程序 11.5 宽度优先连锁搜索的伪代码

```
# 起始方格为(i, j)
连锁打开的方格 = [(i, j)]
while “连锁打开的方格”不为空:
    (i', j') = 取出“连锁打开的方格”的第一个方格
    for (i', j')相邻的各方格 X:
        如果 X 未打开，则:
            打开 X 方格
            如果 X 方格的数字为 0，则:
                在“连锁打开的方格”的最后添加 X
```

在 Python 中，可以用列表实现队列，如程序 11.6 所示。

程序 11.6 队列的使用方法

```
x = [1, 2, 3]
x.append(100) # 入队 100
print(x)      # [1, 2, 3, 100]
y = x.pop(0)  # 取出第 0 个元素（出队）
print(y)      # 1
print(x)      # [2, 3, 100]
```

要检查队列是否为空或者是否不为空，如程序 11.7 所示。

程序 11.7 确认队列是否为空

```
x = []
```

```
print(x == []) # -> True 空
print(x != []) # -> False
x.append(1)
print(x == []) # -> False 非空
print(x != []) # -> True
```

也可以像 len(x)==0 这样，通过列表中的元素数进行确认。另外，在 Python 提供的内置列表中，如果是 x.pop(0)，则必须“把原来的第 1 个元素移到第0个元素，把第2个元素移到第1个元素……”像这样转移元素，效率好像很低（这里不用太在意）。

感兴趣的人可以查看Python的相关参考资料。例如，查阅collection模块的 deque 类的使用方法。

11.3 深度优先搜索算法

深度优先搜索算法从搜索的起始点开始，“尽可能地沿着链接访问远的节点，到达能到达的顶点再返回”，不断重复这一过程，如图 11.4 所示。节点上写的数字是访问的顺序。

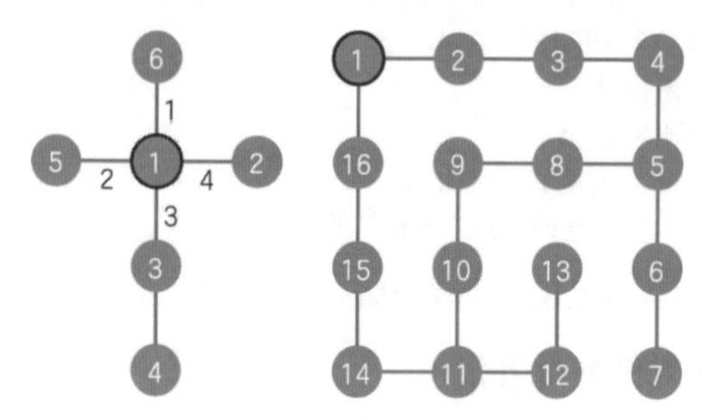

图 11.4 深度优先搜索

基本的算法是，以搜索的起始点为 s，表示如下。

程序 11.8 深度优先搜索的伪代码

```
下一个要访问的节点 = [s]
while “下一个要访问的节点”不为空:
    v=取出（弹出）“下一个要访问的节点”的顶点元素
    将 v 设为“已访问”
    for 链接到 v 的各节点 v':
        如果 v'是未访问的，将 v'加到“下一个要访问的节点”中
```

这里，“下一个要访问的节点”是被称为堆栈（stack）的数据结构中的数据。将元素放入堆栈称为“堆积”元素或者“入栈（push）”元素，将元素从堆栈中取出称为“出栈（pop）”。

最后堆积的元素具有首先取出的特征，这种特征被称为后进先出（Last-In First-Out，LIFO）[①]。放置最新元素的地方叫作栈顶（top of stack），放置最旧元素的地方叫作栈底（bottom of stack），如图 11.5 所示，最后被堆积的 200 是最先被取出的。在信息处理中，堆栈经常用于想要颠倒处理顺序的情况。

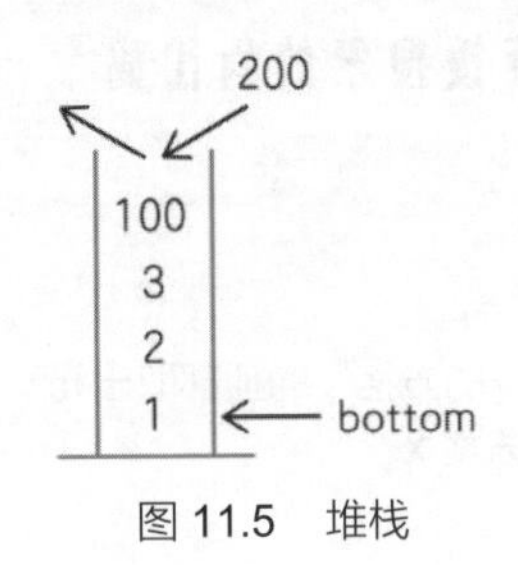

图 11.5　堆栈

对比图 11.4 左侧的图，以 1 号节点为搜索起始点，勾画应用深度优先搜索算法后的轨迹，如程序 11.9 所示。

程序 11.9　深度优先搜索的轨迹

```
s = 1
S = [s]（S 表示“下一个要访问的节点”）
while 的第 1 次:
    v = 1（S = []）
    向 S 中堆积 6, 5, 3, 2（S = [6, 5, 3, 2]）
while 的第 2 次:
    v = 2（S = [6, 5, 3]）
    S 中什么都不加
while 的第 3 次:
    v = 3（S = [6, 5]）
    S 中加入 4 （S = [6, 5, 4]）
while 的第 4 次:
    v = 4（S = [6, 5]）
     （下面已经没有要加的节点了）
while 的第 5 次:
    v = 5（S = [6]）
```

①有时也被称为先进后出（First-In Last-Out，FILO）。

```
while 的第 6 次:
  v = 6（S = []）
while 的第 7 次:（S 为空 []，所以跳出循环）
```

例题 11.3 深度优先搜索

将起始方格设为(i, j)，用伪代码描述在数字为 0 的方格周围连锁地打开方格的深度优先搜索算法。

程序 11.10 深度优先连锁搜索的伪代码

```
# 起始方格为(i, j)
连锁打开的方格 = [(i, j)]
while “连锁打开的方格”不为空:
    (i', j') =从“连锁打开的方格”的顶部取出元素
    for (i', j')相邻的各方格 X:
        如果 X 未打开，则:
            打开 X 方格
            如果 X 方格的数字为 0，则:
                在“连锁打开的方格”中堆积 X
```

如下使用 Python 的列表实现堆栈：

程序 11.11 堆栈的使用方法

```
x = [1, 2, 3]
x.append(100)
x.append(200)
print(x)        # [1, 2, 3, 100, 200]
y = x.pop()
print(y)        # 200
print(x)        # [1, 2, 3, 100]
y = x.pop()
print(y)        # 100
print(x)        # [1, 2, 3]
```

此时，堆栈的底部是列表的第 0 个元素，栈顶是列表的最后一个元素。需要注意的是，没有在 pop 的参数中指定任何内容。在宽度优先搜索算法使用的队列中，为了从列表的开头取出元素，用参数传递 0 作为 pop(0)。

11.4 队列与堆栈

队列和堆栈会在什么样的地方被使用呢？让我们以计算机的内部操作为例来看一下。

首先，“排队等候”型的队列，用于输入通信数据等。如果改变文字的顺序，结果就不对了。此外，播放音乐时的“音乐”数据也是队列型数据。如果数据的顺序被打乱，就会很奇怪。

这种临时保存数据的区域，有时被称为缓冲区（buffer）①。

那么，堆栈型在什么场合使用呢？

在计算机的内部程序中，用于调用函数时“返回地址”的保存等。函数调用的“返回地址”在函数中调用另一个函数时入栈。在最深处最后调用函数时的“返回地址”应该是第一个“出口”。

例如，在参观主题公园时，从大门进入园区，进入园区内的某个建筑物，然后进入建筑物内的餐厅（房间）。从那里出去时，最先出来的是最后进入的“餐厅（房间）”的出口，接着出来的是“建筑物”的出口，最后出来的是“园区”的出口。这种“最初进入的入口”是“最后出去的出口”，“最后进入的入口”变成“最初出去的出口”，就是后进先出的堆栈型缓冲结构。首先必须走出餐厅（房间），才能走出建筑物，如果不走出建筑物就不能走出园区。无论如何，顺序都是反过来的。一旦进入园区，再进入多少栋建筑物也是一样。

有的游乐设施是单向通行的，入口和出口也不一样（这里是队列）……不过现在讲解的是堆栈，所以不考虑这样的游乐设施。

11.5 递归调用

在本章的最后，考虑利用递归程序（recursive procedure）进行深度优先搜索。递归程序是一般编程语言所具备的机制。

在 Python 中计算 n 的阶乘（$n!$）的程序示例如程序 11.12 所示。众所周知，阶乘的计算是 $3! = 1\times2\times3$、$n! = 1\times2\times3\ldots(n-2)(n-1)n$。

---

① 本来缓冲区是指“处理不完的输入的数据”的临时存储区域，主要是通信数据以及数据收集装置的处理中用到的数据。但也有转为单纯用于“工作区域”的意思。

程序 11.12　阶乘的程序

```
def fact(n):
    if n <= 0:
        return 1
    else:
        return n * fact(n - 1)

fact(10)        # --> 3628800
fact(100)       #-->93326215443944152681699238856266700490 71
                # 59682643816214685929638952175999932299 15
                # 60894146397615651828625369792082722375 82
                # 5118521091686400000000000000000000000
```

在递归过程中，首先将正数传递给 n，并调用过程（函数），因为 n 大于 0，所以执行 else:。然后，在进行乘法（*）运算之前，调用 fact(n-1)。这里，在 fact 这个函数中，调用自己的 fact 的部分被称为递归（recursive）。另外，像这样调用某个程序 P，在其执行过程中再次调用 P，称为递归调用（recursive call）。

在 fact(n-1)的调用中，fact(n-2)会被调用，然后是 n-3、n-4 等，参数依次减 1 调用 fact，最后参数的值变小到 0 时，第一次停止“递归”的调用，返回 1。因为该返回值乘以 n 等于 1，所以 fact(1)返回 1，接着 n=2 返回 2×1，n = 3 返回 3×2×1，依次类推，最后乘以 n，退出函数。

在编程时，要像这样在递归调用中能够到达“最后”并退出。

利用递归调用的深度优先搜索算法的伪代码如程序 11.13 所示。

程序 11.13　递归深度优先搜索的伪代码

```
def 搜索(v):
    v 设为“已访问”
    v 相连的各节点 v' :
        v' 如果未访问，则:
            以v' 为参数，调用“搜索”
```

对于前面的图 11.4 左侧的图，在调用该算法的“搜索(1)”时进行递归搜索的情况如图 11.6 所示。

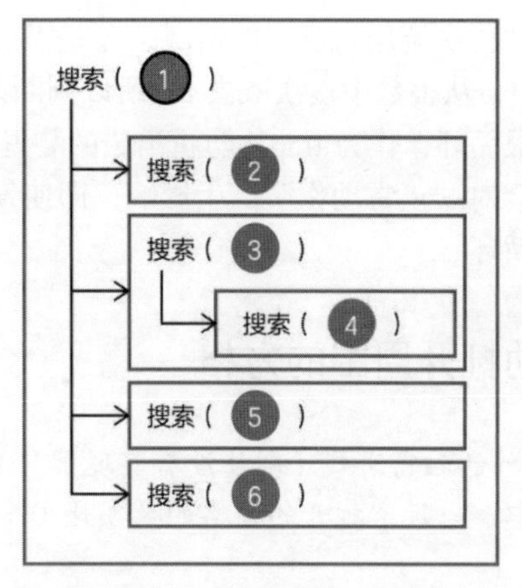

图 11.6　递归深度优先搜索

例题 11.4　递归深度优先搜索

将起始方格设为(i, j)，用伪代码描述在数字为 0 的方格周围连锁地打开方格的递归深度优先搜索算法。

程序 11.14　递归深度优先连锁搜索的伪代码

```
def 连锁打开周围方格(V):
    如果 V 方格的数字为 0:
        与 V 相邻的各方格 X:
            如果 X 未打开，则:
                打开 X 方格        # 这样就可以避免无限次地进行递归调用
                连锁打开周围方格(X)
```

使用递归程序能像这样流畅地表现程序。另一方面，由于函数的执行会增加执行时间和内存使用的成本，所以有时需要考虑是否需要用它。前面提到的 fact 的例子，以及这个例题的自动打开方格的计算完全没有问题。

不过这里有几点需要注意。对于 fact，它不会是无限次地调用，因为参数的值终究会变为 0，最后一定会返回值而不再进行“递归”调用。另外，在使用递归调用实现连锁“打开 0 方格”时，如果存在“判断条件相同的调用去进行递归调用”的情况，就会出现无限循环。在这个例题中，在访问之前一定要“打开 X 方格”（倒数第 2 行），然后在进行判断的地方加上“如果 X 未打开”（倒数第 3 行）的条件，避免了对相同条件、相同方格的调用，从而避免了无限循环。在递归调用中，即使中间插入其他函数的结构，如果有“再次调用自己”的情况，还是需要注意避免无限循环。

在 fact 的例子中，从整数中逐次减去 1，所以判断条件 n == 0 也可以。但是，为了避免无限循环，作为 trap（防止出错的装置）写了 n <= 0 的判断条件。这样也不会对“正常动作”产生影响，即使发生“意料之外”的事也不会形成无限循环。

练习题 11.1　自动打开周围的方格

在第 9 章中制作的扫雷游戏（即使没有实现第 10 章中引入的旗子功能，也可以练习）中，当玩家打开的方格的数字是 0 时，就自动打开周围的 8 个方格。

（文件名：ex11-auto-open.py）

练习题 11.2　自动搜索

在扫雷游戏中，当玩家打开的方格的数字是 0 时，就用宽度优先搜索算法或深度优先搜索算法进行编程，使其连锁地、自动地打开与 0 方格相邻的方格。

在这个阶段，可以不包括游戏结束的判断。

（文件名：ex11-breadth.py、ex11-depth.py）

拓展问题 11.1　自动搜索（利用递归调用）

在扫雷游戏中，当玩家打开的方格的数字是 0 时，就用递归调用的方法进行编程，使其连锁地、自动地打开与 0 方格相邻的方格。

（文件名：ex11-recursive.py）

拓展问题 11.2　扫雷的完成

在扫雷游戏中，使用 random 等设置地雷的位置，并预先以 board.count[i][j]的形式保存，以便无须每次都计算 count。然后，当玩家打开 0 方格时，让其连锁地、自动地打开相邻的方格。另外，在打开所有没有地雷的方格时，要能够判断“Cleared!”等情况，并且再加一个踩到地雷时“Game Over!”的处理。

（文件名：ex11-mine.py）

在前面的例题中，每次查(i,j)的时候都让count(i,j)计数，但是只要确定了地雷的位置，不管那个方格是打开还是没打开，count 每次都返回相同的值。像这样每次都计算，是在浪费计算资源。修改这些部分是重构的重要环节。

如果还有其他在各自的实现过程中注意到的部分，请进行重构。

11.6 总结 / 检查清单

总结

1．自动搜索算法可以应用图表理论中的“节点”和“链接”模型来实现（关于“图表理论”，本书不涉及）。

2．根据“搜索”和“处理”的顺序，可以考虑宽度优先搜索算法和深度优先搜索算法。

3．宽度优先搜索算法可以使用队列（queue；First-In First-Out）型的缓冲来实现。

4．深度优先算法可以使用堆栈（stack；Last-In First-Out）型的缓冲来实现。

5．在利用深度优先搜索算法时，将函数本身写为递归，可以使编码更紧凑。

检查清单

- 在利用 List 类作为队列型的缓冲时，使用什么方法来进行 enqueue 和 dequeue?
- 在利用 List 类作为堆栈型的缓冲时，使用什么方法来进行 push 和 pop?
- 在利用递归调用创建函数时，应该注意什么?

第 4 部分

利用库编写游戏的练习

第12章

库的利用

编程语言可以通过逻辑表达来进行数据处理和计算，但仅用逻辑表达是无法描述整个应用程序的。例如，画面上显示的功能是操作系统的功能，而不是语言本身的功能。在使用操作系统的功能时，需要调用系统的功能。

此外，还针对随机数生成功能和声音文件播放等不同语言环境中常用的功能汇总了能够简便使用的函数，具有加强语言表达的程序群。这个程序群就称为库。如果灵活运用库，高级的处理也能简单方便地调用和执行。

12.1 pygame

从本章开始，我们将使用与以往不同的外部库。具体来说，就是利用汇集了用于编写游戏的各种工具的 pygame 库进行程序的编写。

实习课题 12.1 pygame 的安装

在大家在使用的 Windows、macOS 或 Linux 计算机上安装 pygame。

大家在安装 Python 3.x 的时候，就已经安装了 pip（pip Installs Packages, Python 的包管理工具），用 pip 安装 pygame。

在输入命令时，请注意要用小写字母开头，写成 pygame 而不是 Pygame。程序中也一样以小写字母开始，是 pygame。

首先，为了将 pip 更新到最新的状态，输入以下命令[①]：

```
> python -m pip install --upgrade pip --user
```

在使用这个命令更新 pip 命令后，输入以下命令：

```
> python -m pip install -U pygame --user
```

现在，安装就完成了。从 IDLE 启动 Shell（Python Shell），在执行

```
> import pygame
```

时，只要不显示错误信息就说明启动成功。

专栏

获取 pygame 的参考信息和相关信息

互联网上有很多介绍 pygame 的网站，可以到 pygame 的官方网站上查阅相关信息。

- Tutorials：可以知道概要。
- Reference：库的功能一览，也有程序示例。
- pygame.examples：这个库本身包含了一个可立即执行的演示包。

网上有很多解释 pygame 的资料，但需要注意的是，有时会有 Python 2.6 等 2.x 版本的说明。pygame 本身也在不断进化，所以有时会利用旧版本中的内容进行解说。话虽如此，只要是基本的功能，即使是解说 Python 2.x 等版本

---

① python 命令执行的是 Python 2.x，而 Python 3.x 是用 python3 命令执行。如果你是这样的环境，请将 python 命令换成 python3。

的程序，其中很多程序也可以在大家使用的 Python 3.x 等版本和最新版的 pygame 中运行。

12.2 初始化与简单绘制

让我们先在 Python 的交互式 Shell（如 IDLE 等）中尝试 pygame 的基本功能。

```
>>> import pygame # (1)
>>> screen = pygame.display.set_mode((640, 320)) # (2)
>>> RED = (255, 0, 0) # (3)
>>> pygame.draw.rect(screen, RED, (100, 50, 150, 200)) # (4)
>>> pygame.display.flip() # (5)
```

- （1）这个 import 语句是使 pygame 模块可用的声明。
- （2）元组(640, 320)表示宽 640、长 320。生成并显示该尺寸的 pygame display（下文中称为显示器）。
- （3）颜色空间用表示 RGB（Red、Green、Blue）值的三个数字来表示，（255,0,0）就是 R=255、G=B=0，表示“红色”[①]。
- （4）pygame 的子模块 draw（pygame.draw）的 rect 函数在显示器（实际上是 Surface）上画四边形。
  (100, 50, 150, 200)的意思是，设左上角坐标为(100, 50)，盒子的大小为(150, 200)，即宽 150、高 200。需要注意的是，后面的两个元素 150 和 200 并不意味着右下的坐标是(150, 200)。
- （5）在显示器上更新绘图。这样，四边形就会被显示在物理显示器上。

执行结果如图 12.1 所示。

图 12.1　用 pygame 绘制四边形

① 也可以用名称获取颜色数据，如 pygame.Color("red")。

在显示器上绘制类似于 tkinter 在 Canvas 上的绘制。但是与 tkinter 不同的是，不包含用 id 管理绘制对象等功能。

例题 12.1 基本图形的绘制

逐行执行程序 12.1 中的代码，看看会显示什么样的图形。

为了简单地试一下功能，可以定义以下模块，以使用别名来调用。

```
>>> draw = pygame.draw
```

让我们逐个尝试以下函数的操作。

程序 12.1 用 pygame 绘制基本图形

```
>>> draw.rect(screen, RED, (50, 50, 100, 25), 5)
>>> draw.ellipse(screen, RED, (50, 50, 50, 50), 10)
>>> draw.ellipse(screen, RED, (150, 100, 100, 50))
>>> draw.circle(screen, RED, (200, 200), 20)
>>> draw.polygon(screen, RED, ((300, 100), (400, 300), (200, 300)))
>>> draw.line(screen, RED, (0, 0), (640, 320), 1)
```

要确认绘制的动作，像刚才的（5）那样，执行

```
>>> pygame.display.flip()
```

要清理画面时，就把整个画面的背景色涂满。

```
>>> screen.fill((0,0,0))
```

各函数的功能详细情况请查看 pygame 参考信息中的 pygame.draw 项。虽然是用英语写的，但是参考程序示例的话应该很容易理解。

不过，在使用交互式 Shell 测试动作等时，活用历史功能（历史记录）会更有效率。在 Windows 中，按住 Alt 键的同时重复按 P 键或 N 键，可以显示之前输入的命令。Previous（上一个）的 P 和 Next（下一个）的 N。在 macOS 中，可以通过上下箭头键（“↑”和“↓”）来切换历史记录。

12.3 Surface

在 pygame 中，我们将介绍 Surface，它是图像（image）绘制和动画的基础。更多信息写在参考信息 pygame.Surface 一项中，在这里我们将介绍 Surface 的概念，以及它是如何使用的。

首先，Surface 是用于表现图像的 Python 对象。例如，pygame.draw.rect

函数的参考信息

```
rect(Surface, color, Rect, width=0) -> Rect Draws a rectangular shape
on the Surface.
```

说明是“在第一个参数中指定的Surface上画矩形。通过这个例子我们可以推测，Surface 的作用是绘制图形的“画面”。换句话说，Surface 是存储图像的存储器。请注意，第一行中的“-> Rect”指的是该函数执行结果的返回值是 pygame.Rect 的对象。pygame.Rect 是一个类，这个类定义了处理矩形区域的对象，可以作为一种便利的计算工具来使用，可以进行包含矩形之间的碰撞判断等与矩形相关的计算。更多信息请查阅参考信息。

在开头的例子中，我们是这样利用 rect 函数的：

```
>>> screen = pygame.display.set_mode((640, 320)) # (2)
>>> RED = (255, 0, 0) # (3)
>>> pygame.draw.rect(screen, RED, (100, 100, 100, 200)) # (4)
```

在第三行对 rect 函数的调用中，第一个参数的 screen 是 Surface，表示在 screen 中绘制矩形并保存。这里的 screen 实际上是用 pygame.display.set_mode 创建的显示器本身。这样，显示器也可以作为 Surface 来处理。在 pygame 的术语中，把表示这个显示器本身的 Surface 称为 display Surface。

12.4 用 blit 合成及显示图像

也许有人会认为“因为图像的绘制是在物理显示器上进行的，所以只要有 display Surface 就足够了”。但是，当在显示器上显示某个特定“角色”时，特别是当画面上同时存在大量对象的情况下，会发生重绘整体的速度变慢的问题。如果遇到这种情况，我们通过

1. 在作为虚拟画面的 Surface 上准备“角色”。
2. 把它复制到另一个虚拟画面上，构成图像。
3. 最终传输到物理显示器上。

这样的方法实现快速绘制。这里所说的“虚拟画面”，意思是由于 1 和 2 是内存上的处理，所以不会向物理显示器进行数据传输。我们看一下下面的例题。

例题 12.2 尝试 blit

准备用叠加多个同心圆而绘制的图像，并移动坐标 3 次，将其传送到显示器上并显示出来。

程序 12.2 12-blit.py（blit 的引入）

```
1   # Python 游戏编程: 第 12 章
2   # 例题 12.2 尝试 blit
3   # -------------------
4   # 程序名: 12-blit.py
5
6   import pygame
7
8   RED = (255, 0, 0)
9
10  screen = pygame.display.set_mode((640, 320)) # 准备绘制区域
11  image = pygame.Surface((100, 100))    # 准备画图用的 Surface
12  image.fill((0, 0, 0))                 # 把背景涂成全黑
13
14  pygame.draw.circle(image, (255, 0, 0), (50, 50), 50) # 最外侧
15  pygame.draw.circle(image, (191, 0, 0), (50, 50), 40)
16  pygame.draw.circle(image, (127, 0, 0), (50, 50), 30)
17  pygame.draw.circle(image, (63, 0, 0), (50, 50), 20)
18  pygame.draw.circle(image, (0, 0, 0), (50, 50), 10)   # 最内侧
19
20  screen.blit(image, (100, 100))        # 向 screen 的(100, 100)传送圆
21  screen.blit(image, (150, 150))
22  screen.blit(image, (200, 200))
23  pygame.display.flip()                 # 将绘制内容反映到画面上
```

运行这个程序后，显示结果如图 12.2 所示。

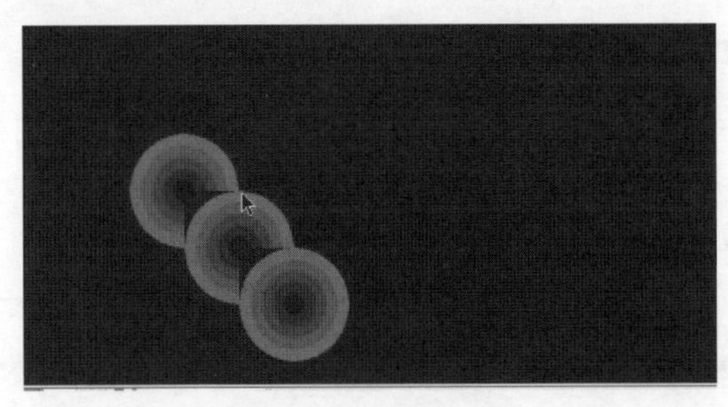

图 12.2　用 blit 画圆

第10行定义的screen是最终要传送到物理显示器上的虚拟画面，第11行的 image 是用于绘制图像的虚拟画面。在这里，我们给 image 绘制了不同颜色的同心圆，但有时也会准备一个画有“角色”的图像。在第18行，假设每个“角色”的准备工作已经完成。从第 20 行到第 22 行，把一个“角色”写在了画面的 3 个地方，到这里为止的工作都是内存上的操作。当执行第23行的 flip 时，绘制内容才第一次被传送到物理显示器上。

blit是 block image transfer 的缩写，即“将 image（图像/存储器的状态）以 block（块）的形式传送”。

在图 12.2 中，当用 blit 方法传送 image 时，圆周围的黑色部分覆盖了之前画的圆的一部分。这可以通过如下声明来解决，声明将黑色部分作为透明来处理（将黑色作为 colorkey 进行 blit）。

```
image.set_colorkey((0,0,0))
```

我们试着将这一行填入第20行 screen.blit…的上一行。运行后，结果如图 12.3 所示。

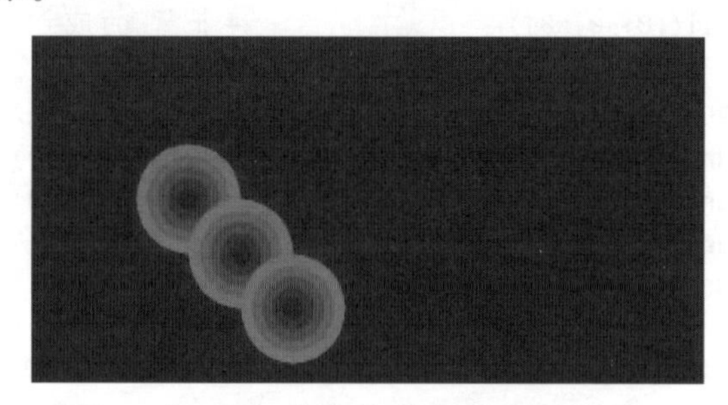

图 12.3　指定了 colorkey 的 blit

同心圆外侧的正方形内侧的黑色部分变得“透明”，能看到背景中的图像了。

例题 12.3　显示背景图像

将任意外部图像文件加载到Surface中。然后读取球的图像，通过指定“背景色”来执行透明化处理，在背景上显示两个球。

程序 12.3　12-read-image.py（读入图像）

```
1  # Python 游戏编程：第 12 章
2  # 例题 12.3 显示背景图像
3  # ------------------
4  # 程序名：12-read-image.py
5
```

```
6   import pygame
7
8   screen = pygame.display.set_mode((640, 320))      # 准备 screen
9   background = pygame.image.load("background.png") # 读入背景图像
10  ball = pygame.image.load("ball.png")  # 读入球图像
11  ball = ball.convert()                 # 转换图像
12  ball.set_colorkey(ball.get_at((0, 0))) # 将左上的 (0, 0)指定为背景色
13  background.blit(ball, (100, 100))     # 向背景图像上传送球
14  background.blit(ball, (200, 200))
15  screen.blit(background, (0, 0))      # 将图像连同背景一起传送到 screen
16  pygame.display.flip()
```

在这个例子中，我们使用 pygame.image.load 函数读取了两种类型的图像：背景和“角色”。将图像文件放置在与该程序相同的文件夹中[①]。

作为在图像上叠加图像的方法的样本，请阅读程序 12.3。

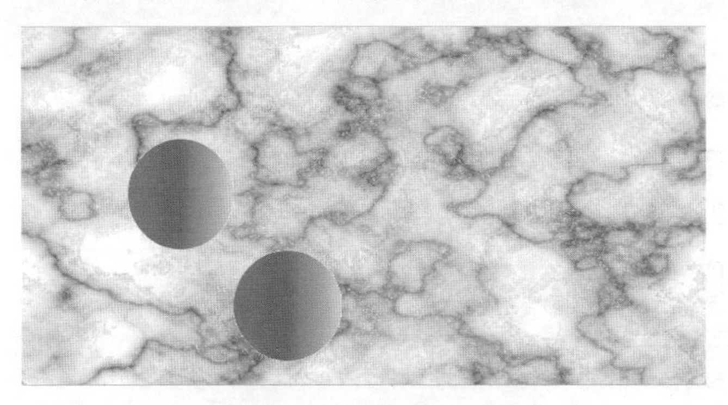

图 12.4　在背景图像上画球

在接下来的两行中，读取背景图像和在其上重叠显示的图像。

```
background = pygame.image.load("background.png")
ball = pygame.image.load("ball.png")
```

对于上面重叠显示的图像，为了进行指定 colorkey 的 blit，进行了如下处理：

```
ball = ball.convert()
ball.set_colorkey(ball.get_at((0,0)))
```

这里假设读入的图像的左上端的颜色是背景色，把该颜色作为透明色。

pygame 会自动确定图像类型（如 GIF、PNG、bitmap 等），并从数据

[①] 源代码中包含作为背景图像样本的 background.png 和作为球图像样本的 ball.png。

中生成新的 Surface 对象。如果文件名包含扩展名，pygame 将根据扩展名类推图像类型。这个程序使用的 convert 是通过使图像格式与 display Surface 一致来实现高速传输的处理（参考网址见电子文档）。此外，如果不是经过 convert 处理的结果，则可能无法成功设置背景色。

最后用 blit 方法将“角色”复制到背景上（第 13 和第 14 行），并将其连同背景一起传送到 display Surface 上（第 15 行）。

12.5 pygame 的动画

接下来，以本书前半部分讲的“打砖块游戏”为题材，介绍一下 pygame 中的动画、事件处理的例子。注意，我们没有使用 12.4 节中介绍的 blit。

例题 12.4 动画

使用 pygame 编写球在左右墙壁反弹的动画程序。

程序 12.4 12-animation.py（动画）

```
1  # Python 游戏编程: 第 12 章
2  # 例题 12.4 动画
3  # -----------------
4  # 程序名: 12-animation.py
5
6  import pygame
7
8  FPS = 60                           # 每秒的帧数（Frame per Second）的缩写
9  LOOP = True
10
11 # 球的绘制函数
12 def draw_ball(screen, x, y, radius=10):
13     pygame.draw.circle(screen, (255, 255, 0), (x, y), radius)
14
15 screen = pygame.display.set_mode((640, 320))
16 clock = pygame.time.Clock()   # 时钟对象
17 x, y = (100, 100)              # 球的初始位置
18 vx = 10                        # 球的速度
19
20 while LOOP:                    # 绘制的循环
```

```
21        for event in pygame.event.get():
22            # 处理“关闭”按钮
23            if event.type == pygame.QUIT: LOOP = False
24        clock.tick(FPS)              # 根据每秒的调用次数延时
25        x += vx
26        if not (0 <= x <= 640):      # 出了画面外，则改变方向
27            vx = -vx
28        draw_ball(screen, x, y)      # 绘制球
29        pygame.display.flip()        # 把画球反映到画面上
30        screen.fill((0, 0, 0))       # 填充：不作用到下一个 flip
31    pygame.quit()                    # 关闭画面
```

这个例子是球（圆）在显示器上左右反弹的动画（图 12.5）。反弹的速度用第 8 行的 FPS = 60 来指定。

图 12.5　pygame 的动画

这个动画使用了 pygame 的“时钟”（pygame.time.Clock 类的对象）。通过在循环中调用 clock.tick(60)来延时，使得 tick 每秒最多被调用 60 次。

程序 12.5　动画中的延时

```
FPS = 60
...
clock = pygame.time.Clock()
...
while LOOP:
    ...
    clock.tick(FPS) # 适当延时以免走得太快
    ...
```

程序 12.6 描述了当单击 pygame 右上角按钮（关闭按钮）时的事件处理。这将在 12.6 节中介绍。

程序 12.6　关闭按钮的事件处理

```
while Loop:
    for event in event.get()
        if event.type == pygame.QUIT: LOOP = False
        ...
```

12.6　事件处理

pygame 中事件处理的方法有几种，但不是像 tkinter 那样只需定义事件处理程序就能进行事件处理，而是采取在主循环中每次都主动获取事件的方法[①]。让我们来看看下面这个移动推杆的例子。

例题 12.5　事件处理

处理上下键的输入，上下操作画面上的推杆。

程序 12.7　12-event.py（事件处理）

```
1   # Python 游戏编程: 第 12 章
2   # 例题 12.5 事件处理
3   # ------------------
4   # 程序名: 12-event.py
5
6   import pygame
7
8   FPS = 60                  # 每秒的帧数（Frame per Second）的缩写
9   LOOP = True
10
11  # 推杆的绘制函数
12  def draw_paddle(screen, x, y):
13      pygame.draw.rect(screen, (0, 255, 255), (x, y, 40, 100))
14
15  screen = pygame.display.set_mode((640, 320))
16  clock = pygame.time.Clock()             # 时钟对象
17  paddle_x, paddle_y = (540, 100)         # 推杆的初始位置
18  paddle_vy = 10                          # 推杆的速度
19
```

① 严格来说，tkinter 是通过主循环中的 update 等处理未处理的事件。因此，在主循环中也有与事件相关的处理。

```
20  while LOOP:                              # 主循环
21      for event in pygame.event.get():
22          # 处理“关闭”按钮
23          if event.type == pygame.QUIT: LOOP = False
24      clock.tick(FPS)                      # 根据每秒的调用次数延时
25      pressed_keys = pygame.key.get_pressed() # 取得 key 信息
26      if pressed_keys[pygame.K_UP]:        # 上箭头被按下时
27          paddle_y -= paddle_vy            # y 坐标变小
28      if pressed_keys[pygame.K_DOWN]:      # 下箭头被按下时
29          paddle_y += paddle_vy            # y 坐标变大
30      draw_paddle(screen, paddle_x, paddle_y) # 推杆的绘制
31      pygame.display.flip()                # 反映到画面上
32      screen.fill((0, 0, 0))               # 填充：不作用到下一个 flip
33  pygame.quit()
```

用来移动推杆的 key 操作处理部分是从第 25 行开始的：

程序 12.8　key 事件的取得

```
pressed_keys = pygame.key.get_pressed()
if pressed_keys[pygame.K_UP]:
    paddle_y -= paddle_vy
...
```

pygame.key.get_pressed 会提取被调用时的键盘的状态列表。pygame.K_UP 是常数 273，这是“↑”键对应的键码（keyboard constant）。可以通过 pygame 参考信息查找有哪些键码。

pressed_keys[pygame.K_UP]的值在未按下时为 0（False），在按下期间为 1（True）。

一般事件由 pygame.event.get 获取，并使用 type 属性检查事件类型（type）。可以通过 pygame 参考信息查找有哪些事件。程序 12.9 所示是从参考信息中引用的事件的种类与属性的对应关系。

程序 12.9　事件的种类（type）

```
QUIT                 none
ACTIVEEVENT          gain, state
KEYDOWN              unicode, key, mod
KEYUP                key, mod
MOUSEMOTION          pos, rel, buttons
MOUSEBUTTONUP        pos, button
MOUSEBUTTONDOWN      pos, button
JOYAXISMOTION        joy, axis, value
```

```
JOYBALLMOTION          joy, ball, rel
JOYHATMOTION           joy, hat, value
JOYBUTTONUP            joy, button
JOYBUTTONDOWN          joy, button
VIDEORESIZE            size, w, h
VIDEOEXPOSE            none
USEREVENT              code
```

左侧大写的名称是事件的种类，右侧是该事件所具有的属性名的列表。例如，为了判断按下了哪个键，可以像程序 12.10 一样使用键盘事件之一的 pygame.KEYDOWN。

程序 12.10　键盘事件

```
for event in pygame.event.get()
    if event.type == pygame.KEYDOWN: # 哪个键被按下了?
        if event.key == pygame.K_UP:
            ...
        if event.key == pygame.K_RIGHT:
            ...
```

用 type 属性确认是否为键盘的事件，用 key 属性查找键码。注意，pygame.KEYDOWN 事件只在按下的瞬间发生一次。而如果想如例题 12.5 那样通过键盘移动推杆（图 12.6），则需要“在按下期间移动推杆”的处理，因此使用 pygame.key.get_pressed 可以使程序更简单一些。

图 12.6　推杆的操作

最后，我们对球和推杆的碰撞处理进行编程。

例题 12.6　碰撞处理

同时移动推杆和球，判断球和推杆的碰撞，然后用推杆将球反弹。

程序 12.11　12-collision.py（推杆和球的碰撞处理）

```
1   # Python 游戏编程：第 12 章
2   # 例题 12.6 碰撞处理
3   # --------------------
4   # 程序名：12-collision.py
5
6   import pygame
7
8   FPS = 60                      # 每秒的帧数（Frame per Second）的缩写
9   LOOP = True
10
11  # 球的绘制函数
12  def draw_ball(screen, x, y, radius=10):
13      return pygame.draw.circle(screen, (255, 255, 0), (x, y), radius)
14
15  # 推杆的绘制函数
16  def draw_paddle(screen, x, y):
17      return pygame.draw.rect(screen, (0, 255, 255), (x, y, 40, 100))
18
19  screen = pygame.display.set_mode((640, 320))
20  clock = pygame.time.Clock()               # 时钟对象
21
22  x, y= (100, 100)                          # 球的初始位置
23  vx = 10                                   # 球的速度
24  paddle_x, paddle_y= (540, 100)            # 推杆的初始位置
25  paddle_vy = 10                            # 推杆的速度
26
27  while LOOP:                               # 主循环
28      for event in pygame.event.get():
29          # 处理“关闭”按钮
30          if event.type == pygame.QUIT: LOOP = False
31
32      clock.tick(FPS)                       # 根据每秒的调用次数延时
33      pressed_keys = pygame.key.get_pressed() # 取得 key 信息
34      if pressed_keys[pygame.K_UP]:         # 上箭头被按下时
35          paddle_y -= paddle_vy             # y 坐标变小
36      if pressed_keys[pygame.K_DOWN]:       # 下箭头被按下时
37          paddle_y += paddle_vy             # y 坐标变大
38      # 取得推杆
39      paddle_rect = draw_paddle(screen, paddle_x, paddle_y)
40
```

```
41        x += vx                                # 球的移动
42        if not (0 <= x <= 640):                # 出了画面外，则改变方向
43            vx = -vx
44        ball_rect = draw_ball(screen, x, y) # 球的取得
45        if ball_rect.colliderect(paddle_rect):
46            vx = -vx                           # 碰到推杆则反弹球
47        pygame.display.flip()                  # 将推杆和球的绘制反映到画面上
48        screen.fill((0, 0, 0))                 # 填充：不作用到下一个 flip
49
50    pygame.quit()                              # 关闭画面
```

这个程序基本上是将例题 12.4 和例题 12.5 的程序合在了一起。

球和推杆的碰撞判断，利用了 pygame.Rect 类的 colliderect 方法。

程序 12.12　碰撞判断

```
ball_rect = draw_ball(screen, x, y)
if ball_rect.colliderect(paddle_rect):
    vx = -vx
    ...
```

在这个处理中判断两个矩形（ball_rect 和 paddle_rect）是否有重叠。ball_rect 和 paddle_rect 分别表示球和推杆的矩形区域，分别用 draw_ball 函数、draw_paddle 函数生成。draw_ball 函数如下：

程序 12.13　球的绘制

```
def draw_ball(screen, x, y, radius=10):
    return pygame.draw.circle(screen, (255, 255, 0), (x, y), radius)
```

用 return 将 pygame.draw 的 circle 函数算出来的值返回给调用方。circle 函数在 Surface 上画圆的同时，还会以返回值的形式告诉我们该圆圈周围的矩形，我们会用到它。绘制推杆的 draw_paddle 函数也是如此。

练习题 12.1　例题 1.1 的“房子”的绘制

如图 12.7 所示，横向并排绘制外观不同的房子。不过，设计可以各自调整。

（文件名：ex12-houses.py）

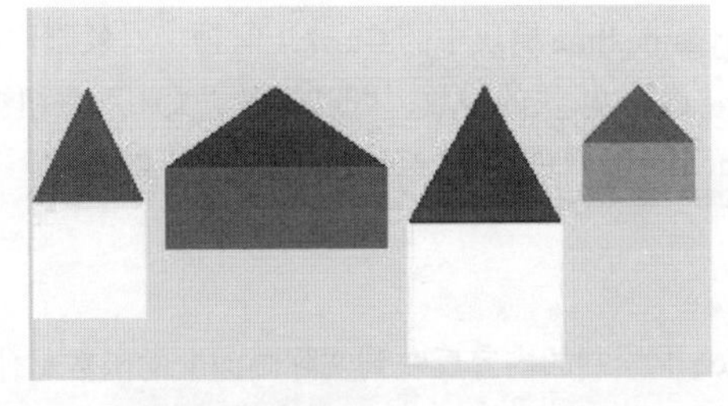

图 12.7　例题 1.1 的“房子”

练习题 12.2　球在箱子里的移动

制作一个箱子，让球按照以下两种方法在里面移动。

（1）与例题 12.1 相同，使用 pygame.draw 模块的函数直接在显示器上绘制对象。

（文件名：ex12-bouncing-draw.py）

（2）利用从外部文件导入的图像。

（文件名：ex12-bouncing-blit.py）

拓展问题 12.1　多个球在箱中移动

制作一个箱子，让多个球在里面移动。球从图像文件代入。

（文件名：ex12-balls.py）

拓展问题 12.2　绘制背景图像

在拓展问题 12.1 的程序中，显示背景图像。

（文件名：ex12-background.py）

12.7　总结 / 检查清单

总结

1. pygame 是一个库，集合了用于编写游戏的各种工具。
2. Surface 对象是用于表现图像的虚拟画图区域。
3. 使用 pygame.draw 模块的函数，可以直接在 Surface 上绘图。
4. 有一种 blit 处理，它将图像从 Surface 传输到 Surface 并绘制。
5. 在 blit 中，可以通过指定“背景色”来实现透明化处理。
6. 可以将外部图像读取到 Surface 中。

7. 可以使用 pygame.time 模块中的 Clock（时钟）对象制作动画。
8. 使用 pygame.event 模块的函数，可以获取“关闭”按钮被按下的事件。
9. 使用 pygame.key 模块的函数，可以获取“按下的按键”等信息。

检查清单

- 把在 Surface 上绘制的内容反映到实际画面上的函数是什么？
- 填充画面的函数是什么？
- 使用 pygame.event 也可以得到按键的按下信息，但使用 pygame.key 更方便，理由是什么？
- 在 pygame.time.Clock 类中，绘图频率要如何设置？
- pygame 中有一个简单的判断碰撞的方法，是什么方法？

专栏

阅读 pygame 参考信息的要点

在 pygame 的参考项目中，有像 pygame.Rect 和 pygame.Surface 那样，名字的后半部分的首字母为大写的，也有小写的，如 pygame.display 和 pygame.draw 等，需要注意它们的区别。前者我们一看各项目名字就知道，是用于配置游戏对象的类。而后者则表示模块，在该模块中提供了函数组。不过，也有像 pygame.time.Clock 那样，类是属于模块的。

前者的例子可以看 pygame.Rect 的参考信息，上面写着这是类。其说明下写的：

程序 12.14　Rect 的参考信息

```
Rect(left, top, width, height) ->
Rect Rect((left, top), (width, height)) ->
Rect Rect(object) -> Rect
```

是构造函数的说明，接着列举的 copy 等是该类的方法。

如下举一个简单的例子：

程序 12.15　Rect 的 copy

```
rect = pygame.Rect(100, 100, 100, 100)
rect2 = rect.copy()
```

其中，copy 是一个方法，因此它以对象.copy()的形式调用。参考信息里的 copy()项目中的“copy() -> Rect”表示 copy 是无参数的方法，返回 Rect 对象。

后者（pygame.draw、pygame.display 等）已经出现了很多次，是模块的名字。

程序 12.16　draw.circle

```
pygame.draw.circle(screen, (255, 255, 0), (x, y), radius)
```

是 pygame.draw 模块的 circle 函数的调用，所以调用方法是模块名.函数名（参数）。

像这样，在阅读的时候，需要注意所说明的项目是关于类的方法还是模块的函数，二者是不同的。

第 13 章

作用域、实体和引用

随着程序规模越来越大，需要使用各种各样的模块（零件）。这时候有两点必须注意。

一个是作用域（变量的有效范围）。在模块中定义的变量通常不允许在模块外部进行操作，然而有时也需要跨模块使用变量。当前操作的变量的使用范围，是停留在它的模块中，还是会对外部的程序产生影响，写程序时要注意，否则会造成意料之外的故障。

另一个是如何将数据传递给模块。传递的是实体（值），还是引用（存储值的位置信息），这是一个大问题。请继续阅读本章，看看是什么样的问题。

13.1 鼠标事件的处理

在第 12 章中，作为外部库我们引入了 pygame。在本章中，首先将介绍编写游戏时使用的几个元素，同时复习之前学习过的程序结构。

例题 13.1 时间经过的取得

在画面中央画一个圆，每一秒都要改变它的颜色（什么颜色都可以）。

程序 13.1 13-signal.py（每 1 秒的变化）

```
1  # Python 游戏编程：第 13 章
2  #例题 13.1 时间经过的取得
3  # -------------------
4  # 程序名：13-signal.py
5
6  import pygame
7
8  S_RED, S_GREEN, S_YELLOW = (0, 1, 2)
9  COLOR_LIST = [(255, 0, 0), (0, 255, 0), (255, 255, 0)]
10
11 screen = pygame.display.set_mode((640, 320))
12 clock = pygame.time.Clock()
13
14 signal = S_RED
15 center, radius = (screen.get_rect().center, 100)
16 loop = True
17 while loop:
18     for event in pygame.event.get():
19         if event.type == pygame.QUIT:
20             loop = False
21     pygame.draw.circle(screen, COLOR_LIST[signal], center, radius)
22     signal = (signal + 1) % len(COLOR_LIST)  # 轮换颜色
23     pygame.display.flip()
24     clock.tick(1)                             # 等待 1s
25 pygame.quit()
```

在这个程序中，将画面中央的圆的颜色以红、绿、黄、红、绿、黄……大约每秒切换一次。这个小程序也用到了“扫雷游戏”练习中提到的模型和视图的思路。每秒改变一次表示圆颜色的模型（变量 signal）的状态。如果只提取改变状态的部分，则如下所示：

程序 13.2　pygame 的时间管理

```
import pygame
S_RED, S_BLUE, S_YELLOW = (0, 1, 2)
clock = pygame.time.Clock()
signal =  S_RED
loop = True
while loop:
    signal = (signal + 1) % len(COLOR_LIST)
    clock.tick(1)
```

对于最终的程序，在程序 13.2 中加入了两个部分：一个是根据模型的变化重新绘制视图（变量 screen）的部分；另一个是检测结束事件并使程序结束的部分。

程序 13.1 的第 15 行如下。

程序 13.3　矩形中心坐标的取得

```
center, radius = (screen.get_rect().center, 100)
```

screen.get_rect().center 部分通过 screen.get_rect()得到 screen 对应的 pygame.Rect 类的对象（这里是 pygame.Rect(0,0,640, 320)），通过对象的 center 属性获得矩形的中心坐标（这里是(320,160)）。

写在主循环开头的部分如下所示：

程序 13.4　主动获取事件

```
for event in pygame.event.get():
    if event.type == pygame.QUIT:
        loop = False
```

我们复习一下第 12 章，在程序 13.4 中通过 pygame.event.get()主动获取事件。在一般情况下是可以获取多个事件的，但在这里，只会检测到单击窗口上的“关闭”按钮时发生的且 type 为 pygame.QUIT 的事件，然后终止主循环。

图 13.1　圆的颜色每秒改变一次

例题 13.2 鼠标事件的取得

在例题 13.1 创建的圆中，用单击的方式改变其颜色（什么颜色都可以）。

程序 13.5 13-click-signal.py（单击改变颜色）

```
1  # Python 游戏编程：第 13 章
2  # 例题 13.2 鼠标事件的取得
3  # ------------------
4  # 程序名：13-click-signal.py
5
6  import pygame
7
8  S_RED, S_GREEN, S_YELLOW = (0, 1, 2)
9  COLOR_LIST = [(255, 0, 0), (0, 255, 0), (255, 255, 0)]
10
11 def handles_mouseup(event):
12     global signal                   # 使用函数外声明的 signal
13     print("pressed")                # 用来确认动作
14     print(event.button)
15     # 首先，在没有以下整个 if 语句的状态下试着运行程序
16     if event.button == 1 and rect.collidepoint(event.pos):
17         signal = (signal + 1) % len(COLOR_LIST)      # 轮换颜色
18         color = COLOR_LIST[signal]
19         pygame.draw.circle(screen, color, center, radius)# 画圆
20         pygame.display.flip()
21
22 screen = pygame.display.set_mode((640, 320))
23 clock = pygame.time.Clock()
24
25 signal = S_RED
26 center, radius = (screen.get_rect().center, 100)
27 color = COLOR_LIST[signal]                                # 默认的颜色
28 rect = pygame.draw.circle(screen, color, center, radius)
29 pygame.display.flip()
30
31 loop = True
32 while loop:
33     for event in pygame.event.get():
34         if event.type == pygame.QUIT:
35             loop = False
36         if event.type == pygame.MOUSEBUTTONUP:
37             handles_mouseup(event)
```

```
38        clock.tick(50)
39
40    pygame.quit()
```

首先，我们来看一下循环部分。

在这里，从例题 13.1 中所示的 pygame.event.get 函数获取的事件中，检测“关闭”按钮的事件和与鼠标相关的事件，相应地调用必要的处理。

这些被称为事件循环，或者事件调度器（dispatcher）。在其内部监视特定事件的发生（称为 listen 事件），调用与发生的事件对应的适当的事件处理［称为 dispatch（调遣=发行）事件处理］。在这个例子中，listen“按下的鼠标按钮被松开”这一事件，当触发事件时，dispatch 作为事件处理程序的 handles_mouseup 函数。用参数向这个事件处理程序传递事件。对“关闭”按钮也同样进行 listen，如果检测到事件，立即进行将变量 loop 设置为 False 的事件处理。

一直到第 11 章，我们使用的都是 tkinter，在它的事件处理中利用了 bind 方法和 bind_all 方法，编写了针对特定事件执行的事件处理程序。实际上，tkinter 从一开始就准备了相当于事件调度器的东西，并在启动的同时开始运行。大致可以说，bind 方法是将相当于程序 13.5 的循环中的 if 语句处理的内容添加到调度器的处理中。其结果是，一旦被通知有定义的事件，就会调用处理程序。

接下来，我们来看一下事件处理程序。

程序 13.6　事件处理程序

```
def handles_mouseup(event):
    global signal
    print("pressed")
    print(event.button)
    if event.button == 1 and rect.collidepoint(event.pos):
        signal  =  (signal  +  1)  %  len(COLOR_LIST)
        color = COLOR_LIST[signal]
        pygame.draw.circle(screen, color, center, radius)
        pygame.display.flip()
```

此函数将事件对象作为参数，该对象保存了所发生的事件的信息。这里为了测试，用 print(event.button)来显示事件对象的 button 属性。

请试着按下鼠标和触控板上的各种按钮。

接下来的 if 语句的条件式如程序 13.7 所示，如果被松开的是鼠标的左键（1 号），并且矩形区域 rect 包含了当时鼠标光标的坐标（event.pos），则为 True。

程序 13.7　是否在矩形区域内按下鼠标左键的判断

```
event.button == 1 and rect.collidepoint(event.pos)
```

collidepoint 是 pygame.Rect 的方法。我们可以在参考信息里查一下。当程序 13.7 的条件成立时，切换一种圆的颜色（signal =...的部分），同时显示那个颜色的圆，这就是 if 代码块的处理。

13.2 变量的有效范围（作用域）

接下来是复习环节，对程序 13.6 中第 2 行的 global signal 进行一下说明。这是用于声明此函数内的变量 signal 是在外部进行定义的。第 6 行中有：

程序 13.8　signal 的更新

```
signal = (signal + 1) % len(COLOR_LIST)
```

像这个语句这样，当在函数内赋值给函数外定义的变量时，需要有 global 声明。而另一方面，

程序 13.9　color 的更新

```
color = COLOR_LIST[signal]
```

中的变量 color 中则没有 global 声明。也就是说，这个本地变量只在这个函数内有效。与在它外面定义的变量 color（程序 13.5 中的第 27 行）虽然同名，但毫无关系。

还有其他在函数外定义的变量，如 COLOR_LIST、screen 和 radius 等，但由于没有在函数内对这些变量进行赋值，所以不需要 global 声明。

13.3 文本的显示

接下来，让我们看一下 pygame 中文本的显示方法。

例题 13.3　文本的显示

每隔 1 秒切换显示任意颜色的文本。

程序 13.10　13-signal-text.py

```
1   # Python 游戏编程: 第 13 章
2   # 例题 13.3 文本的显示
3   # -----------------
4   # 程序名: 13-signal-text.py
5
6   import pygame
7
8   COLOR_NAMES = ["red", "green", "yellow"]
9   COLOR_LIST = [pygame.Color(COLOR_NAMES[i])
10                for i in range(len(COLOR_NAMES))]
11
12  pygame.init() # pygame.font.init()
13
14  screen = pygame.display.set_mode((640, 320))
15
16  clock = pygame.time.Clock()
17  font = pygame.font.SysFont('comicsansms', 32)
18
19  signal = 0
20  loop = True
21  while loop:
22      for event in pygame.event.get():
23          if event.type == pygame.QUIT:
24              loop = False
25          color = COLOR_LIST[signal]
26          text = font.render(COLOR_NAMES[signal] + " Light !",
27                             True, color)
28      screen.blit(text, (0, 0)) # 传送文本至画面
29      pygame.display.flip()     # 更新绘制内容
30      clock.tick(1)
31      screen.fill((0, 0, 0))
32      signal = (signal + 1) % len(COLOR_LIST)
33  pygame.quit()
```

在程序 13.10 中，进行文本显示的行是给变量 text 赋值的行及其下一行（第 26 ~ 28 行）。详细内容将在后面叙述。

第 12 行的

程序 13.11　pygame 的初始化

```
pygame.init()
```

是初始化各种 pygame 子模块的函数。这里因为要初始化字体（文本中显示的字体）的模块。如果用 pygame.font.init()，则只能够初始化 pygame.font 模块。

在第 17 行的

程序 13.12　font 的声明

```
font = pygame.font.SysFont('comicsansms', 32)
```

中，可以使用 comicsansms 这种 pygame 预先内置的字体。第 2 个参数 32 是文字的大小。此外，如果输入

```
>>> all_fonts = pygame.font.get_fonts()
>>> print(all_fonts)
```

就会显示可用字体名一览。

那么，在

程序 13.13　文本显示

```
text = font.render(COLOR_NAMES[signal] + " Light !", True, color)
screen.blit(text, (0, 0))
```

中，font.render 是干什么的呢？查看参考信息，可以看到下面这句：

```
render(text, antialias, color, background=None) -> Surface
```

这个信息非常重要。可以知道 render 是生成 Surface 对象的方法。它返回的是把字符串 text 的文本以指定的颜色 color 渲染（投影）在 Surface 上的内容。antialias 用真假值来指定是否进行图形保真处理（抗锯齿处理）。

关于 screen.blit(text, (0, 0))，在第 12 章中已经进行了说明。在这里，将保存在 text 中的图像传送到 screen 上的(0,0)左上角的区域（图 13.2）。

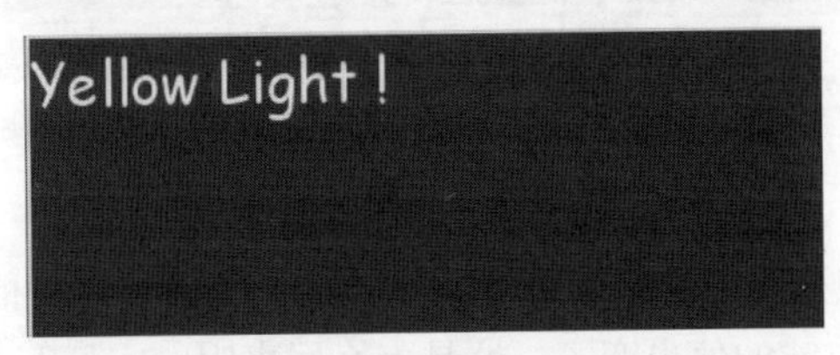

图 13.2　每隔 1 秒切换一次文本

本章关于 pygame 库的说明到此结束。

13.4 实体和引用

本节将详细说明“Python 的数据（对象）是如何保存的，以及如何获取和改写这些数据”。首先我们来看一下下面的程序。

程序 13.14　列表的操作（1）

```
>>> x = {"a": 1, "b": 0}
>>> y = [x, x, x]
>>>print(y)
[{'a': 1, 'b': 0}, {'a': 1, 'b': 0}, {'a': 1, 'b': 0}]
```

y 是一个列表，以 3 个字典{"a": 1, "b": 0} 作为元素。那么，现在进行下面的操作。其结果会怎么样呢？

程序 13.15　列表的操作（2）

```
>>> y[0]["a"] = 100
>>> print(y)
```

因为只改变第 0 个元素，所以可以预测显示如下：

```
[{"a": 100, "b": 0}, {"a": 1, "b": 0}, {"a": 1, "b": 0}]
```

但是实际上一运行会发现它显示如下：

```
[{"a": 100, "b": 0}, {"a": 100, "b": 0}, {"a": 100, "b": 0}]
```

这是为什么呢？

在程序 13.14 的执行示例中，用 y = [x, x, x] 创建的列表显示如下：

```
[{"a": 1, "b": 0}, {"a": 1, "b": 0}, {"a": 1, "b": 0}]
```

所以大家可能觉得会是图 13.3 的形式。

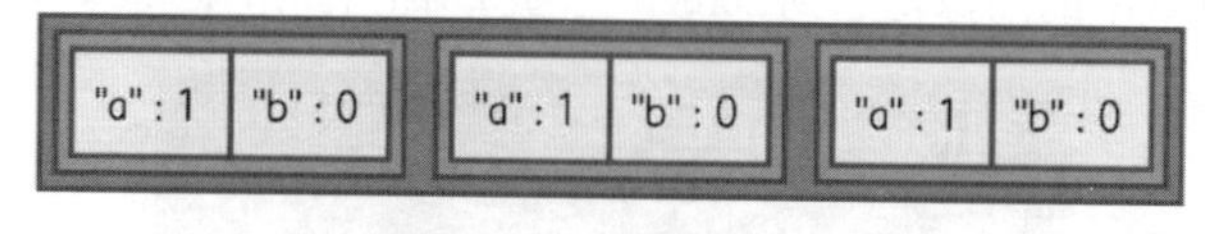

图 13.3　列表 [x, x, x]

但是，当把列表中的第 0 个元素的键 a 的值改为 100 时，第 1 个元素和第 2 个元素的 a 的值也变了，这是怎么回事呢？实际上，更准确地说，程序 13.14 中所示的列表[x, x, x]的结构是图 13.4 所示的形式。

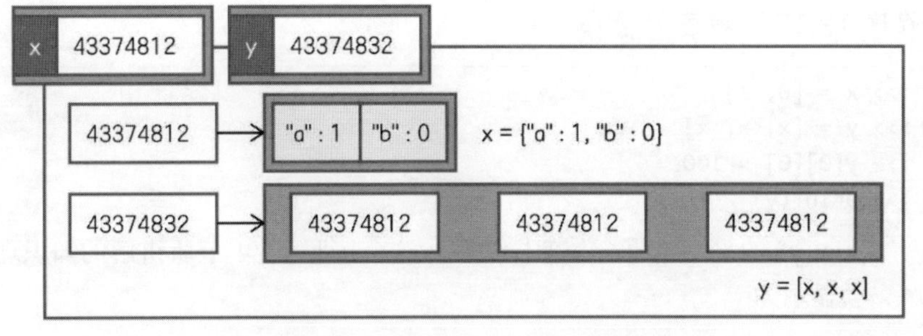

图 13.4　列表 [x, x, x] 的详细信息

图 13.4 中的 43374812 和 43374832 是引用。也可以认为它是存储数据的内存地址。引用的箭头所指的是实体（实际数据）。从图 13.4 可以看出，列表[x, x, x]只不过是表示{"a": 0, "b": 1}这个字典本身所在的三个“地址”而已。起到地址作用的是“引用”，这个引用表示的位置所在的本体就是“实体”。此时，字典本身就是实体。

那么，y[0]["a"] = 100 意味着将“y[0]所指实体的字典”的键 a 的值替换为 100。然后，在前面提到的 y = [x, x, x]的例子中，由于列表的三个元素是相同的引用，所以最终它们共享了相同的实体。以上是程序 13.14 和程序 13.15 的动作说明。

这里如果使用 id 函数的话，就可以知道引用（Python 术语为 identity）的值。

程序 13.16　引用的确认

```
>>> print(id(y))                # --> 43374832
>>> print(id(y[0]))             # --> 48596712
>>> print(id(y[1]))             # --> 48596712
>>> print(id(y[2]))             # --> 48596712
```

虽然显示的值在每次执行时都会发生变化，但是 id(y[0]) ==id(y[1]) == id(y[2])的条件一直是成立的，所以可以确认 y = [x, x, x]列表的元素共享一个实体。

13.5　deep copy 和 shallow copy

下面是一个与程序 13.14 和程序 13.15 相似的例子。

程序 13.17　列表的操作（3）

```
>>> x = [0, 1]
>>> y = [x, x, x]
>>> y[0][0] = 100
>>> print(y)
```

print(y) 的显示结果会是怎样的呢？这个按照 13.4 节所讲解的知识理解，会显示为

```
[[100, 1], [100, 1], [100, 1]]
```

列表结构如图 13.5 所示。

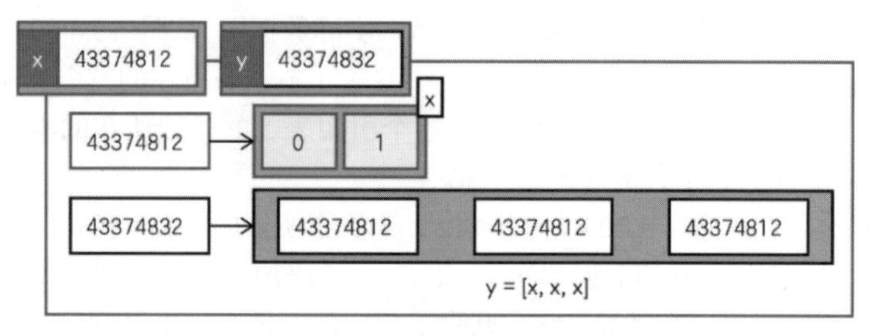

图 13.5　列表中的列表 [x, x, x]

那么，想通过

程序 13.18　列表的操作（4）

```
>>> y[0][0] = 100
```

这个操作得到

```
[[100, 1], [0, 1], [0, 1]]
```

这个结果时，应该怎么做呢？可以通过如下复制对象操作来实现。

程序 13.19　列表的操作（5）

```
y = [x.copy(), x.copy(), x.copy()]
```

当每次调用 x.copy()时，都会复制 x 的实体，而 y 拥有的元素就是对复制的 x 实体的新的引用（图 13.6）。

另外，在 Python 中，如果像下面这样用[...]来写列表的话，并不会各自生成新的列表对象，且不会被共享。

程序 13.20　列表的操作（6）

```
y = [[0, 1], [0, 1], [0, 1]]
```

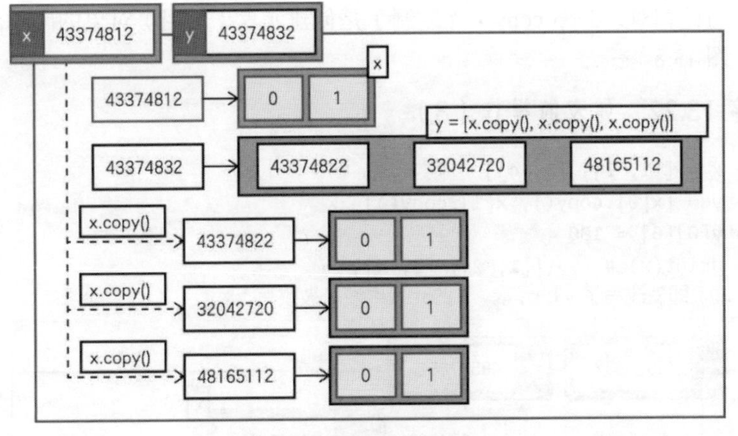

图 13.6　列表元素的 copy

在下面的例子中，列表 x 包含两个列表[1,2]和[3,4]作为元素。在第 2 行中，用 x.copy()复制了 x 的列表。用图来表示的话则如图 13.7 所示。对于 x.copy()，如果 x 元素包含列表、字典等，引用会被复制，同一实体会从两个列表中被使用。

程序 13.21　列表的操作（7）

```
>>> x = [[1, 2], [3, 4]]
>>> y = x.copy()
>>> y[0][0] = 100
>>> print(x) # --> [[100, 2], [3, 4]]
# ...( 明明改写了应该复制的 y，x 却被改写了 )
```

这种复制对象的操作被称为 shallow copy（浅复制）。从图 13.7 可以看出，x[0]和 y[0]引用了相同的实体。

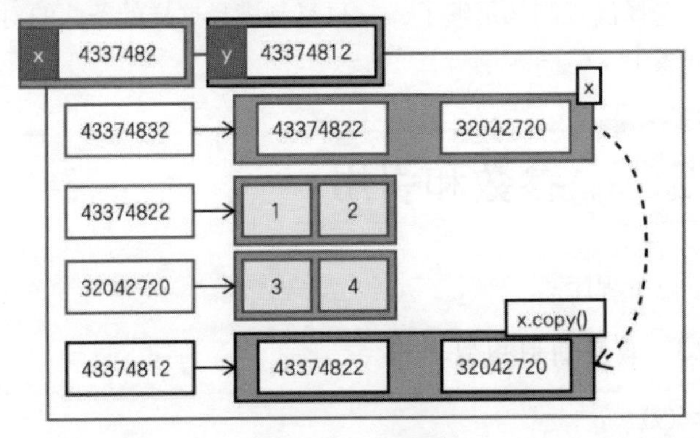

图 13.7　浅复制

与此相对，deep copy（深复制）是创建元素（引用）对象的副本的操作（图 13.8）。

程序 13.22　列表的操作（8）

```
>>> x = [[1, 2], [3, 4]]
>>> y = [x[0].copy(), x[1].copy()]
>>> y[0][0] = 100
>>> print(x) # --> [[1, 2], [3, 4]]
# ...（即使改写了 y 的元素，x 的元素也没有被改写）
```

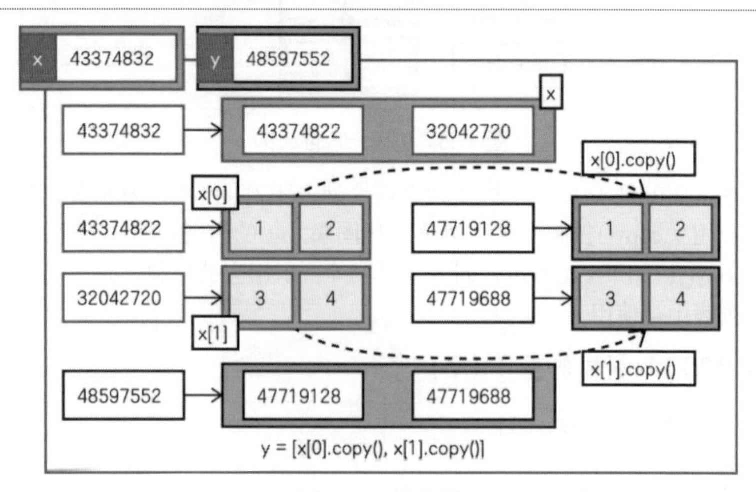

图 13.8　深复制

在编程的时候，需要判断应使用哪一种复制操作。

例如，如果想在游戏中复制（克隆）某个对象，就像细胞分裂一样，需要使用深复制；而如果从游戏的对象群中选择满足某个条件的对象并列出名单时，选择浅复制就足够了，它只复制满足这样的条件的对象的引用并添加到列表中。

13.6 参数和引用

看一下以下程序。

程序 13.23　被更新的函数调用

```
def update(y):
    y[0] = 100
```

```
x= [0, 1, 2]
update(x)
print(x) # ==> [100, 1, 2]
```

注意看这个程序，在执行 update 函数之后，列表的内容发生了变化。这是因为方法或函数的实际参数中传递的是一个引用。在这个程序中，函数中的 y[0]=100，将 y 引用的实体的索引 0 的元素改写为 100。

再看看下面这个程序。

程序 13.24　不更新的函数调用

```
def update_simple(y):
    print(id(y))
    y = [100]
    print(id(y))

x = [0]
print(id(x))
update_simple(x)
print(id(x))
print(x) # -> [0]
```

分配给变量 y 的引用（地址）将被改写为在函数中生成的列表[100]中的引用。但是，变量 y 是仅在函数内可用的局部变量，所以与函数外的变量 x 无关。就算执行 update_simple(x)，分配给 x 的引用也不会改变，这一点请注意。

练习题 13.1　字符串的显示位置

在程序 13.10 中，在画面的左上角显示了文本。我们把同样的文本显示在画面中央。

（文件名：ex13-text.py）

提示：

- 如程序 13.1 所示，如果 screen 是 display Surface 的话，其中心位置的坐标可以通过 screen.get_rect().center 获取。
- text = font.render(...) 取得的 Surface 的矩形能用 text.get_rect() 获取。

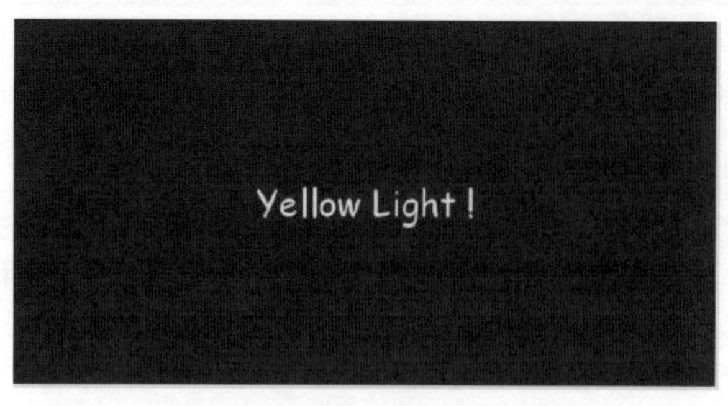

图 13.9 在画面中央显示的文本

练习题 13.2 点击次数的显示

画三个正方形，在每个正方形的中央显示它们各自被点击的次数。

（文件名：ex13-click.py）

练习题 13.3 深复制和浅复制

创建一个 deep_copy 函数，用深复制对给定的“数值列表”进行复制。要做到：即使列表的深度和元素数量发生变化，也可以复制。

（文件名：ex13-deepcopy.py）

具体如下：

```
def deep_copy(x):
    ...这里写上进行 deep_copy 的步骤


x = [[1, 2], [[3, 4, 5], 6, 7], [8, 9, 10]]
y = deep_copy(x)
x [1][0][2] = 100
print("x = {}".format(x))
print("y = {}".format(y))
```

确认只有 x[1][0][2]的元素（x 的第 1 个元素、x[1]的第 0 个元素、x[1][0]的第 2 个元素）被改变，而对 y 没有影响。按照这个例子，应该显示如下：

```
x = [[1, 2], [[3, 4, 100], 6, 7], [8, 9, 10]]
y = [[1, 2], [[3, 4, 5], 6, 7], [8, 9, 10]]
```

提示：

- 我们可以使用 isinstance(x, list)函数来检查变量 x 是否为列表。

- 在不知道“深度”的情况下，使用递归调用会很有效。

13.7 总结 / 检查清单

总结

1．在用 pygame 处理时间时，使用 pygame.time.Clock 比较方便。

2．在 pygame.time.Clock 中，如果要等待一定时间，可以使用 tick 函数。

3．用 pygame.Surface.get_rect().center 可以获得绘制区域中心的坐标。

4．用 event.pos 可以获得单击时的坐标等。

5．在列表或字典中，使用存储实体的地址引用实体，所以在代入列表或字典的引用时，指的是同一个实体。

6．对列表执行 copy 函数可以创建副本并保存不同的实体。

7．需要注意的是，即使执行 copy 函数，如果要复制的原始数据是“引用的地址”，那么只要不 copy 该“引用的地址”，就无法创建“完全分离的复制”。

8．引用了同一实体的复制称为 shallow copy（浅复制）。

9．deep copy（深复制）创建的是存在于完全不同的地址的独立“复制”。

检查清单

- 在函数中将值赋给在函数外声明的变量时，要做什么声明？
- 如果只是在函数中引用函数之外声明的变量，有什么需要特别考虑的吗？
- 如果从 event 中查找单击时的坐标，需要查看什么属性值呢？
- tkinter 与 pygame 的事件处理有什么不同？
- 在 Python 中，列表等的引用中指向保存实体的“地址”的编程用语是什么？
- 当在程序中进行变量的复制时，为了确认该处理是浅复制还是深复制，可以采取什么方法呢？

专栏

"传值"还是"传引用"

有这样一个问题："传值"还是"传引用"？先来看一下"传值"和"传引用"是什么意思。

"传值"是一种传递变量"值"本身的公式，在C语言中用于将参数传递给函数。在这种情况下，即使改写函数中该变量的值，也不会对函数之外的代码产生任何影响。而"传引用"则是把变量的引用传递给函数，在C语言中也叫作"传地址"。

以下程序的示例是类似于"传值"的操作。

```
def func(a):
    print("before", a, id(a))
    a += 11
    print("after", a, id(a))

b = 1
func(b)
print("outside", b, id(b))
```

这个程序的运行结果如下（每次运行时，显示的值都会发生变化）：

```
before 1 4304944160
after 12 4304944512
outside 1 4304944160
```

这个结果该怎样解读呢？首先，1被赋给b，b被传递给func函数。

不管接收到的值是多少，a加上11后，就会生成一个新的a的"容器"，将12这个值放入其中。在退出函数后，原始的b值和b的引用都不会被改写。并且还可以看到，在函数中传递了b的引用。

也就是说，在 Python 中，函数调用时的传参方法看上去像在"传值"，实际上是"传引用值"，而且如果在函数内有赋值的话会新建"引用"，所以处理结果不会影响到函数之外的代码。据说有过类似于 C 语言的"传值"语言编程经验的人，可能会觉得Python的操作看起来像"传值"。

相反，如果认为是"传引用"而编写的程序，由于在函数内部"引用值"会被覆盖，所以无法从外部接收执行结果，这时就会很困惑。Java 也是把变量的"引用值"传给函数。

虽然动作是一样的，但是因为在列表和字典中作为数据保存了引用，所以"传引用值"看起来就像"传引用"一样。

第 14 章

Sprite 与 Group

使用了 pygame 库，就能够使用 Sprite 和 Group 这样方便的类了。

使用 Sprite，在作为模型计算以及把内部表现的游戏对象反映到画面上时，程序表达会变得紧凑。这样一来，就能以物理模型的行为为中心编写程序了。

另外，在图形化游戏中，画面上会出现多种“角色”，可以作为 Group 一并处理。这使得程序更加紧凑且易于阅读。

本章将介绍 Sprite 和 Group 的具体使用方法。

14.1 Sprite 类使用前的准备

在我们之前看到的球的动画和打砖块游戏的程序中，为了表现动画，采取的方法是：将背景和另行准备的“角色”图像数据适当地重叠使之显示在画面上。像“角色”图像这样，为了构成动画而单独准备的图像数据被称为精灵。利用精灵构成动画的技术被称为“精灵处理”，它是实现 2D 游戏的标准方法。pygame 中提供了一个叫作 pygame.sprite 的精灵处理工具，本章的目标就是利用它。

例题 14.1 移动的物体

如图 14.1 所示，制作一个红球和白球左右移动的程序。

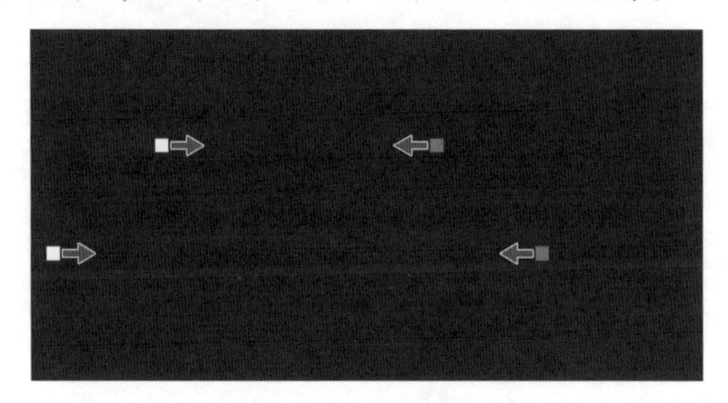

图 14.1 移动的物体的程序

程序 14.1 14-move-sample.py（blit 的利用）

```
1  # Python 游戏编程：第 14 章
2  # 例题 14.1 移动的物体
3  # ------------------
4  # 程序名：14-move-sample.py
5
6  import pygame
7
8  WHITE, RED=((255, 255, 255), (255, 0, 0))
9  D = 10
10 FPS = 20
11
12 class Ball:
```

```
13    def __init__ (self, x, y, vx, vy, color):
14        self.vx, self.vy = (vx, vy)
15        self.image = pygame.Surface((D, D))
16        self.image.fill(color)
17        self.rect = pygame.Rect(x, y, D, D) # screen 上的 blit 坐标
18
19    def move(self):
20        # 使绘制位置移动
21        self.rect.move_ip(self.vx, self.vy)
22
23 screen = pygame.display.set_mode((640, 320))
24 clock = pygame.time.Clock()
25
26 # 准备球
27 whites = []
28 reds = []
29 whites.append(Ball(100, 100, 10, 0, WHITE))
30 whites.append(Ball(100-100, 200, 10, 0, WHITE))
31 reds.append(Ball(400, 100, -10, 0, RED))
32 reds.append(Ball(400+100, 200, -10, 0, RED))
33
34 done = False
35 for i in range(60):
36     for event in pygame.event.get():
37         # “关闭”按钮的处理
38         if event.type == pygame.QUIT: done = False
39     if done: break
40     clock.tick(FPS)
41     for ball in reds + whites:
42         ball.move()
43         screen.blit(ball.image, ball.rect)
44     pygame.display.flip()
45     screen.fill((0, 0, 0))
46 pygame.quit()
```

以这个程序为基础，换成使用 pygame.sprite 库的程序。不过，一旦用了@dataclass，就不能用后述的 pygame.sprite.Group 了，所以本章中不用@dataclass。

简单说明一下程序 14.1。Ball 类的对象表示来回移动的球，具有以下信息。

- vx、vy：速度。
- image：图像（Surface）。
- rect：屏幕上显示的区域。

然后，用 move 方法让球移动。

```
self.rect.move_ip(self.vx, self.vy)
```

把对象的矩形区域（self.rect）改成从当前位置平行移动(vx,vy)的区域。这里的 ip 是 in-place 的缩略语。使用非 in-place 的 move 方法，用

```
self.rect = self.rect.move(self.vx, self.vy)
```

也能实现同样的效果。但是，在这种情况下，move 每次调用都会生成一个新的矩形并返回。在这个例子中，因为要撤销之前 self.rect 保存的 Rect 对象，所以最好使用 in-place 的 move 方法 move_ip。

接下来我们看一下主程序。

程序 14.2　14-move-sample.py（main）

```
done  =  False
for i in range(60):
    for event in pygame.event.get():
        # “关闭”按钮的处理
        if event.type == pygame.QUIT: done = True
    if done: break
    clock.tick(FPS)

    for ball in reds + whites:
        ball.move()
        screen.blit(ball.image, ball.rect)
    pygame.display.flip()
    screen.fill((0, 0, 0))
```

reds + whites 中的 reds 和 whites 分别表示保存红球和白球的列表。用“+”将列表连接起来。用 move 方法分别移动了 reds + whites 中包含的球后，通过

```
screen.blit(ball.image, ball.rect)
```

把图像（ball.image）显示在 display Surface 上的 ball.rect 的矩形区域。这样就完成了 1 帧图像。程序 14.1 的主程序就讲完了。

接下来，我们将程序改为：当红球和白球从左、右对向移动并相交时，将白球变成红球。

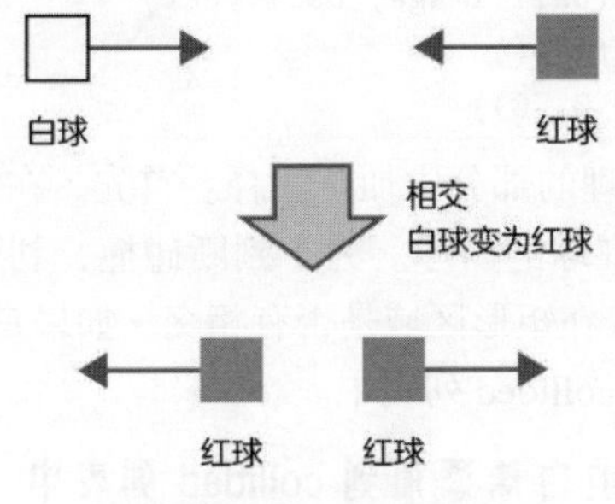

图 14.2　相交时改变颜色

首先，在 Ball 类中添加一个改变颜色的方法。

程序 14.3　change_color 方法

```
class Ball:
    def __init__ (self, x, y, vx, vy, color):
    ...
    def move(self): ...
    def change_color(self, color):
        self.image.fill(color)
```

在主程序中，移动了球之后将进入碰撞判断处理。

程序 14.4　14-change-color.py (main)

```
done  =  False
for i in range(60):
    for event in pygame.event.get():
        # “关闭”按钮的处理
        if event.type == pygame.QUIT: done = True
    if done: break
    clock.tick(FPS)
    collided = []                                # 用于碰撞判断
    for white in whites:
        for red in reds:
            if white.rect.colliderect(red.rect): # 碰撞判断
                collided.append(white)
    for white in collided:                       # 碰撞判断后的处理
        white.change_color(RED)
        whites.remove(white)
        reds.append(white)
```

```
    for ball in reds + whites:
        ball.move()
        screen.blit(ball.image, ball.rect)
    pygame.display.flip()
    screen.fill((0, 0, 0))
```

进行碰撞判断处理的部分中加了注释。首先，在用于碰撞判断的列表 collided 中添加碰到红球的白球。为了判断碰撞，利用 pygame.Rect 类的 colliderect 方法，检查在矩形区域是否有相交。如果是 True（有相交），则把碰到的白球添加到 collided 列表中。

程序 14.5　将碰撞的白球添加到 collided 列表中

```
if white.rect.colliderect(red.rect):
    collided.append(white)
```

它下面的 for 语句

程序 14.6　14-move-sample.py（collided）

```
for white in collided:
    white.change_color(RED)
    whites.remove(white)
    reds.append(white)
```

是改变与红球相交的白球的颜色并将其移至红球列表（reds）的处理。

14.2　Sprite 类的活用

例题 14.2　Sprite 类的运用

在程序 14.1 中加入程序 14.3 和程序 14.4 的变更，在此基础上，改写成使用 pygame.sprite 模块中提供的 Sprite 类。

与程序 14.1 相比，变更的地方只有写了注释的如下 4 行。

程序 14.7　与 Sprite 版程序的不同之处

```
class Ball(pygame.sprite.Sprite):     # ← pygame.sprite.Sprite
    def __init__ (self, x, y, vx, vy, color):
        super().__init__ ()           # ←这 1 行
        self.vx, self.vy =  (vx, vy)
        self.image = pygame.Surface((D, D))
```

```
        self.image.fill(color)
        self.rect = pygame.Rect(x, y, D, D)
    def update(self): # ← 这个 update
        self.rect.move_ip(self.vx, self.vy)
    ...

...

for i in range(60):
    for ball in reds + whites:
        ball.update() # ← 这个 update 的执行
        screen.blit(ball.image, ball.rect)
    ...
```

首先，从下面的部分可以看出，在程序14.7中继承Sprite类构成Ball类。

程序 14.8 pygame.sprite.Sprite 的继承

```
class Ball(pygame.sprite.Sprite):    # ← pygame.sprite.Sprite
    def __init__ (self, x, y, vx, vy, color):
        super().__init__ ()
        ...
```

另外，move 方法的名字变成了 update。并且，原来程序的判断中的

```
if white.rect.colliderect(red.rect):
...
```

这部分利用了精灵之间的判断方法 pygame.sprite.collide_rect，写成

```
if pygame.sprite.collide_rect(white, red):
...
```

后，程序就更加容易理解了。pygame.sprite 模块的说明请参见参考信息。

Ball 类的父类 pygame.sprite.Sprite 类中定义的方法是

```
update, add, remove, kill, alive, groups
```

在程序 14.7 的 Ball 类的定义中重写 update 方法，并把它放到了移动球的处理中。这里我们阅读一下参考信息 pygame.sprite.Sprite.update 的说明，写着“这个方法在 Group.update 被执行时一定会被调用”（关于 Group，将在 14.3 节中进行说明）。实际上，Sprite 类的其他方法也是与 Group 类的对象联动的方法。也就是说，Sprite 类和后面要说明的 Group 类一起使用，可以有效地进行编程。

14.3 Group 类的活用

例题 14.3 Group 类的运用

用 Group 类改写程序 14.7。不过，Ball 类与 14.2 节所示的相同。

程序 14.9　14-group-sample.py（与 Group 版程序的不同之处）

```
# 准备球
whites = pygame.sprite.Group()                  # ← Group 类
reds = pygame.sprite.Group()                    # ← Group 类
whites.add(Ball(100, 100, 10, 0, WHITE))        # ← add 方法
whites.add(Ball(100-100, 200, 10, 0, WHITE)) # ← add 方法
reds.add(Ball(400, 100, -10, 0, RED))           # ← add 方法
reds.add(Ball(400+100, 200, -10, 0, RED))       # ← add 方法

for i in range(60):
    ...
    clock.tick(FPS)
    reds.update()                               # ← update 方法
    whites.update()                             # ← update 方法
    collided = pygame.sprite.groupcollide(whites, reds, False, False)
                        # ↑ 使用 groupcollide 函数，一行就能写出碰撞判断
    if collided != {}: print(collided)          # 用于调试
    for white in collided:                      # 碰撞判断后的处理
        white.change_color(RED)
        whites.remove(white)                    # remove 方法保持不变
        reds.add(white)                         # ← add 方法
    reds.draw(screen)                           # ← draw 方法
    whites.draw(screen)                         # ← draw 方法
    pygame.display.flip()
    screen.fill((0, 0, 0))
pygame.quit()
```

14.2 节的程序中是用 whites 和 reds 列表保存球的，但在这个程序中写成如下形式：

程序 14.10　Group 对象的利用

```
whites  =  pygame.sprite.Group()                # ← Group 类
```

```
reds = pygame.sprite.Group()                   # ← Group 类
whites.add(Ball(100, 100, 10, 0, WHITE))       # ← add 方法
...
```

程序 14.10 中使用了 Group 对象。此处使用的 Group 是保存 Sprite 对象的容器（container）。列表是用 append 方法来增加元素的，而 Group 对象是用 add 方法来增加元素的。不过，元素的删除与列表一样，都是用 remove。

如 14.2 节最后所述，Group 对象的 update 方法为所有保存对象调用 update 方法。然后，draw 方法在参数传递的 Surface 上绘制该组保存的对象。

程序 14.11　Group 类的 update 和 draw

```
for i in range(60):
    reds.update()              # ← update 方法
    whites.update()            # ← update 方法
    ...
    reds.draw(screen)          # ← draw 方法
    whites.draw(screen)        # ← draw 方法
```

在碰撞判断中，使用了 groupcollide 函数判断两组对象之间的碰撞。

程序 14.12　Group 类的碰撞判断

```
collided = pygame.sprite.groupcollide(whites, reds, False, False)
for white in collided:
    white.change_color(RED)
    whites.remove(white)
    reds.add(white)
```

查看参考信息会发现，这个函数的参数和返回值的关系如下：

```
groupcollide(group1, group2, dokill1, dokill2, collided=None) -> Sprite_dict
```

在 dokill1 中，当发生碰撞将对象从 group1 中移除时，指定 True。dokill2 也一样。collided 表示如果未指定任何内容，则根据矩形是否重叠来进行碰撞判断。如果想设置其他判断方法，可以在这个关键字参数中设置一个进行碰撞判断的函数。groupcollide 的返回值是 Python 的字典（dict），这个程序返回的结果如下：

```
{
    白球 1：碰到了白球 1 的红球列表
    白球 2：碰到了白球 2 的红球列表
    ...
}
```

如果没有碰撞，就是一个空的字典。在碰撞判断后的处理中，对这个字典使用 for 语句，将 key 一个一个地取出来。

Sprite、Ball、Group 各类的关系如图 14.3 所示。在这个图中，用带三角形的线表示 Sprite 类与 Ball 类的继承关系。写在 Ball 类的类名下的 rect 和 image 表示这个类的对象具有的属性。而在 Group 类和 Sprite 类的连线中，菱形被画在 Group 类的一侧。它表示 Group 对象保存多个 Sprite（以及 Sprite 的子类）对象。在这种关系中，Group 类称为对 Sprite 类的“聚合”（aggregate）[①]。

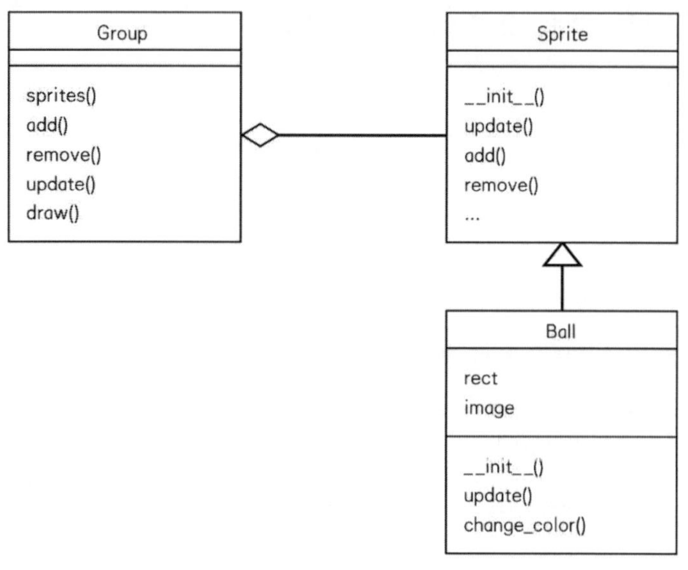

图 14.3　表示 Sprite、Ball、Group 关系的类图

综上所述，pygame 的 sprite 模块提供了一系列用于精灵处理的工具。创建并扩展了 Sprite 类，并利用 Group 对象作为保存它的对象的容器，这是最基本的。由 Group 进行的处理有很多，在这里介绍了使用库函数简单地进行 2D 游戏处理中重要的碰撞判断的例子。

程序 14.13　14-group-sample.py（完成版）

```
1  # Python 游戏编程: 第 14 章
2  # ------------------
3  # 程序名: 14-group-sample.py
4
```

① 请参见第 6 章。

```
5   import pygame
6
7   WHITE, RED = ((255, 255, 255), (255, 0, 0))
8   D = 10
9   FPS = 20
10
11  class Ball(pygame.sprite.Sprite):       # ← pygame.sprite.Sprite
12      def __init__ (self, x, y, vx, vy, color):
13          super().__init__ ()             # ←这 1 行
14          self.vx, self.vy = (vx, vy)
15          self.image = pygame.Surface((D, D))
16          self.image.fill(color)
17          self.rect = pygame.Rect(x, y, D, D)
18
19      def update(self):                   # ← 这个 update
20          # 使绘制位置移动
21          self.rect.move_ip(self.vx, self.vy)
22
23      def change_color(self, color):
24          self.image.fill(color)
25
26  screen = pygame.display.set_mode((640, 320))
27  clock = pygame.time.Clock()
28
29  # 准备球
30  whites = pygame.sprite.Group()          # ← Group 类
31  reds = pygame.sprite.Group()            # ← Group 类
32  whites.add(Ball(100, 100, 10, 0, WHITE))     # ← add 方法
33  whites.add(Ball(100-100, 200, 10, 0, WHITE)) # ← add 方法
34  reds.add(Ball(400, 100, -10, 0, RED))        # ← add 方法
35  reds.add(Ball(400+100, 200, -10, 0, RED))    # ← add 方法
36
37  for i in range(60):
38      for event in pygame.event.get():
39          # “关闭”按钮的处理
40          if event.type == pygame.QUIT: i = 60
41      clock.tick(FPS)
42      reds.update()                       # ← update 方法
43      whites.update()                     # ← update 方法
```

```
44        collided = pygame.sprite.groupcollide(whites, reds, False, False)
45                # ↑ 使用 groupcollide 函数，一行就能写出碰撞判断
46        if collided != {}: print(collided) # 用于调试
47        for white in collided:            # 碰撞判断后的处理
48            white.change_color(RED)
49            whites.remove(white)          # remove 方法保持不变
50            reds.add(white)               # ← add 方法
51        reds.draw(screen)                 # ← draw 方法
52        whites.draw(screen)               # ← draw 方法
53        pygame.display.flip()
54        screen.fill((0, 0, 0))
55  pygame.quit()
```

14.4 虚拟世界（游戏）的建模

游戏本身就是一个“虚拟世界”。

存在着虚拟世界（游戏）中的“约定（规则）”，存在着游戏世界中的“对象”。存在的有可能是球、地雷等简单的“物品”，也可能是主人公等“角色”。在后面，我们将游戏世界中出现的“物品”和“角色”全部称为“对象”。

在移动和绘制这些对象时，需要对每个对象进行细致的“设置”。在建模游戏时，最先进行的设计就是对每个对象的“设置”。有时也会像在第 10 章中所做的那样，把“游戏世界”本身设计为“对象”，把其他对象聚合起来表示。

在绘图环境中，有些系统可能会先以平面方式显示，然后通过在三维建模的“三维模型”中设置“视角”，将其投影到“二维”上进行绘图。即使模型本身是二维的，也可以根据对象的发展方向显示不同的视角（如从右边看到的侧脸、从左边看到的侧脸等）。这里只是简单地显示为■，我们准备一个图像，在二维的范围内稍微改变“看”的方式，用比较简单的操作就能实现。

通过继承 pygame 中的 Sprite 类等或重写 update 方法等能够实现一个用于移动对象的通用方法，并且可以流畅地写出整个程序。

在制作游戏这一虚拟世界时，首先要想象游戏中存在的各个对象的“设置”并进行设计，在“实现”这些设置时，要考虑以怎样的形式来设计对象。

在设计时，如果能灵活运用继承和聚合，程序就会更容易阅读、更容易扩展。

拓展问题 14.1 用自己的想象编写游戏

大家各自发挥想象，设置游戏的虚拟世界，设置游戏内的对象，对游戏进行编程。

实际玩过的游戏、见过的游戏都可以。即使没有独创性也没有关系，但是要在对游戏内的约定（对象的动作）、对象的作用等进行明确的“设置”后再进行编程。

（这个扩展课题没有“程序示例”。）

14.5 总结 / 检查清单

总结

1. 利用 pygame.sprite 模块，可以很简洁地写出游戏程序。
2. 继承 pygame.sprite.Sprite 类，编写游戏内的显示对象。
3. 灵活运用 pygame.sprite.Group 类，就能够很简洁地写出继承 Sprite 对象的更新、绘制和碰撞判断。
4. 用 groupcollide 函数进行碰撞判断的结果会以 Python 中的字典形式返回。

检查清单

- 要让继承了 Sprite 类的类移动，应该调用哪个方法？
- 用来向 Group 类中添加、删除 Sprite 的方法是什么？
- 在处理 groupcollide 的碰撞判断的结果时，如何从字典里取出信息？

专栏

轮询

我们见过这样一个程序，为了获取事件，进行如下循环处理：

```
while 条件 :
    for event in pygame.event.get():
        ...
    clock.tick(FPS)
```

在 tkinter 中，是用事件处理程序取得事件的。接收来自系统的“中断（interrupt）”，用“中断处理程序”接收并处理了按键操作和鼠标操作的信息。

pygame 不是接收中断处理，而是自己去获取已发生的事件。获取的时候，在每次（定期）循环的最前面说“如果发生了事件，请把发生的事件一个一个地传给我”，并主动接收事件信息。像这样，不是中断处理，而是自己定期询问掌握状态的处理被称为轮询（polling）。

在刚才的程序中，用

```
clock.tick(FPS)
```

加入了“等待”。由此可知，轮询会被定期执行，每秒 FPS 次。

轮询也经常用于通信处理等。在接收数据的中断处理中，有时会先将数据保存在缓存中，然后通过轮询去处理缓存中积累的数据。

一般来说，中断处理在时间上有很大限制，所以实现的思路是在中断处理程序中只执行最低程度的必要处理，使中断处理在时间上有富余，通过轮询进行计算量大的处理。

在本章展示的程序中，为了处理按键事件和鼠标事件而进行了轮询，因此考虑各个事件处理所需时间的合计是否多于根据 FPS 算出的“执行一次循环的时间”。当计算量增多时，需要扩大主循环的执行间隔，使得有充足的处理时间，或者根据处理方法和处理内容调整 FPS 的值。只不过，我们这个程序看起来时间是很充足的。

第 15 章

打气球游戏

从第 1 章开始阅读本书，并实际尝试编程的读者应该已经掌握很多程序的写法了吧？在最后一章中，我们将全面把握整个程序，讨论从零开始构思整个程序的方法，即所谓的“上游工程”，并按照这种方法来创建程序。

作为题材，选取了往年的街机游戏之一——打气球[①]。

① 可以在网络上搜索“街机游戏马戏团”以了解该游戏。

15.1 打气球游戏的世界

打气球游戏的画面如图 15.1 所示。

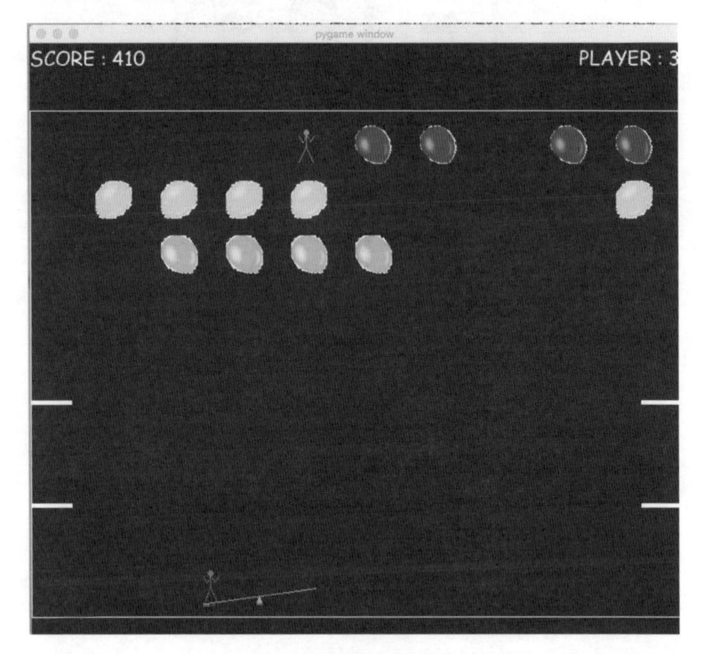

图 15.1　打气球游戏

在开场画面投入硬币（在这里是按下 Space 键），则游戏开始。这个游戏的玩法是："玩家"[①]左右移动跷跷板，有人在跷跷板左侧乘坐的时候，玩家操作让右侧着地；有人在右侧乘坐的时候，玩家操作让左侧着地，在不让"表演者"[②]掉到地板上的同时，打破上面流动的气球。如果一排气球全部被打破，成绩就会增加，然后那一排气球会全部补齐，所以它不存在"通关"，而是一款"没完没了"的游戏。

在第 14 章之前，从"零件"的制作方法和编程的基本要素开始，我们以应用这些的形式，即自下而上的方法进行了解说，但在本章中，我们从"整体"宏观考虑程序，采用从"大视野"细化分解的自上而下的方法进行讲解。

---

① 在这里，我们把玩游戏的人定义为"玩家"。

② 在游戏世界中，我们这样称呼跳跃的人。

15.2 用语的定义

在写程序之前，先明确“要编写什么样的程序”。并且，首先将“需求设计”形成文档。以我们在这里制作的“打气球”游戏为例，假设有多人参加编程，为了让参加成员使用“相同的表达”表示“相同的东西”，事先挑出那些容易混淆的词语进行定义。

另外，在使用“变量名”等有含义的单词时，有时会根据定义的用语给变量命名，因此在用语的定义中，也需要注明英语单词[①]。

首先，我们来定义一下打气球游戏中使用的术语吧。

- 玩家（Player）。

玩家是指启动游戏程序玩游戏的人。但是，在得分显示中，以“Player 3”的方式显示表演者（下一项）的人数。除此之外，还作为指代操作者的词语在需求设计说明书中使用。

- 表演者（Performer）。

在游戏中，表演者是指跳跃的拟人化道具。

- 跳跃者（Jumper）。

跳跃者是指表演者中的当前正在空中的道具。

- 气球（Balloon）。

气球道具。

- 跷跷板（Seesaw）。

跷跷板是指玩家的操作对象。可以在画面下方左右移动跷跷板，是跳跃者着陆的目标地点道具。

- 着陆（landing、landed）。

当跳跃者落在跷跷板正确的一侧时，就看作它着陆了。

- 坠落、掉落（down）。

跳跃者没有着陆，当其落在跷跷板表演者所在的一侧或跷跷板外时，视作该跳跃者坠落（掉落），表演者人数减少一人。

[①] 例如，跷跷板在英语中是 seesaw，但是如果错误地写成 seesow，程序会产生混乱。也有这种情况，第一个编程的人写成了 seesow，然后这个变量名就一直保留到最后。如果日后修改的人另外创建了 seesaw（正确拼写的）变量，那么在 Python 等不明确进行“变量的声明”的语言中，两个变量都是独立存在的，这会成为导致严重错误的原因。

- 跳台（JumpBoard）。

跳跃者从画面的左、右两端落下的时候，如果落在了跷跷板不能着地的那一边[①]，就是坠落。跳台是用于降低胜率的道具。

- 跳板（Board）。

跳板是指控制整个游戏的模型。

最先想到的就是这些地方了吧？“用语的定义”要随着项目的进展随时做补充，每当出现“新概念”时，所有程序员都要对“用语的定义”进行磨合直到明确。

15.3 建模

那么，我们将 Balloon 类、Performer 类、Seesaw 类等设计为 Sprite 类的子类，并定义属性值和方法。根据需要有时也会画类图。

首先，列举类的属性值。各个构造函数的参数定义如程序 15.1 所示。

分别继承 Sprite 类来定义类，将类的实例添加到 Group 类中，再将整体一并定义到 Board 类的 self.objects 变量中。因此，每帧的绘制处理就只对 self.objects 进行，以便简化程序。

Balloon 分为蓝色组、绿色组和黄色组，这里只展示黄色组的实现示例。

程序 15.1 类的初始化

```
1   class Balloon(pygame.sprite.Sprite):
2       def __init__ (self, x, y, d, vx, score, image1, image2):
3           pygame.sprite.Sprite. __init__ (self)
4           self.vx = vx                        # 纵向不动
5           # Balloon 在 Board 端展开到 Surface 上，只传递“引用”
6           self.image = self.image1 = image1
7           self.image2 = image2
8           self.rect = pygame.Rect(x, y, d, d)
9           self.balloon_tilt = 0
10          self.score = score                  # 打破的气球相加
11
12  class Seesaw(pygame.sprite.Sprite):
13      def __init__ (self, x, y, l, h, speed, image1, image2):
14          pygame.sprite.Sprite. __init__ (self)
15          self.speed = speed
```

① 画面左端有跷跷板，当跷跷板左侧有表演者时，跳跃者落到左侧就是坠落。

```
16          self.image1 = pygame.image.load(image1)  # 左下降的图
17          self.image1 = self.image1.convert()
18          self.image1.set_colorkey((255, 255, 255)) # 将白色指定为透明色
19          self.image2 = pygame.image.load(image2)  # 右下降的图
20          self.image2 = self.image2.convert()
21          self.image2.set_colorkey((255, 255, 255)) # 将白色指定为透明色
22          self.image = self.image1
23          self.rect = pygame.Rect(x, y, l, h)
24          self.init_x = x
25          self.vx = 0                         # 初始状态为静止
26  
27  class JumpBoard(pygame.sprite.Sprite):
28      def __init__ (self, x, y, w, h, color):
29          pygame.sprite.Sprite. __init__ (self)
30          self.image = pygame.Surface((w, h))
31          self.image.fill(color)
32          self.rect = pygame.Rect(x, y, w, h)
33          self.id = id
34          if x < X_CENTER:
35              self.side = LEFT_BOARD    # 左和右的区别
36          else:
37              self.side = RIGHT_BOARD
38  
39  class Performer(pygame.sprite.Sprite):
40      def __init__ (self, id, x, y, w, h, status, image):
41          pygame.sprite.Sprite. __init__ (self)
42          self.status = status          # 状态
43          self.image = pygame.image.load(image)
44          self.image = self.image.convert()
45          self.image.set_colorkey((255, 255, 255)) # 将白色指定为透明色
46          self.rect = pygame.Rect(x, y, w, h)
47          self.vx = self.vy = 0
48          self.init_x, self.init_y = (x, y)
49          self.init_status = status
50          self.id = id
51          self.down = False
52          self.inactive_y = 0
53  
54  class Board():
55      def __init__ (self, width, height, num_jumper):
```

```
56          pygame.init()
57          self.screen = pygame.display.set_mode((width, height))
58          self.width, self.height = (width, height)
59          self.clock = pygame.time.Clock()
60          self.font = pygame.font.SysFont('comicsansms', FONT_SIZE)
61          self.score = 0
62          self.balloon_tilt = 0
63          self.num_jumper_org = self.num_jumper = num_jumper
64
65      def setup_yellows(self):
66          image1 = pygame.image.load(YELLOW_IMAGE1).convert()
67          image1.set_colorkey((255, 255, 255)) # 将白色指定为透明色
68          image2 = pygame.image.load(YELLOW_IMAGE2).convert()
69          image2.set_colorkey((255, 255, 255)) # 将白色指定为透明色
70          y = BALLOON_TOP + 2*(BALLOON_DIAM + BALLOON_GAP_Y)
71          for x in range(0, BALLOON_LAST_X, BALLOON_STEP):
72              self.yellows.add(Balloon(x, y, BALLOON_DIAM,
73                                       -BALLOON_VX, YELLOW_SCORE,
74                                       image1, image2))
75      # 绿色和蓝色省略
76
77      def setup(self):
78          self.stage = STAGE_START
79          # 准备 Group
80          self.yellows = pygame.sprite.Group() # 最下边一列
81          self.greens = pygame.sprite.Group()  # 正中间的列
82          self.blues = pygame.sprite.Group()   # 最上边一列
83          seesaws = pygame.sprite.Group()      # 跷跷板
84          self.performers = pygame.sprite.Group() # 两个表演者
85          self.jumpboards = pygame.sprite.Group()  # 4 个跳台
86
87          self.setup_blues()                    # 准备蓝色的气球
88          self.setup_greens()                   # 准备绿色的气球
89          self.setup_yellows()                  # 准备黄色的气球
90          self.setup_jumpboards()               # 准备跳台
91
92          # 准备跷跷板
93          self.seesaw = Seesaw(SEESAW_X, SEESAW_Y, SEESAW_W, SEESAW_H,
```

```
94                          SEESAW_VX, SEESAW1_IMAGE,
95                          SEESAW2_IMAGE)
96          seesaws.add(self.seesaw) # 为了接收 Event，放到 Group 以外
97
98          # 准备表演者（第一个人正在跳）
99          self.performers.add(Performer(1, WEST, PERFORMER_Y,
100                                   PERFORMER_W, PERFORMER_H,
101                                   STATE_JUMPING,
102                                   PERFORMER1_IMAGE))
103         # 第二个人站在跷跷板的右端
104         performer = Performer(2, SEESAW_X + SEESAW_W - PERFORMER_W,
105                               SEESAW_Y + SEESAW_H - PERFORMER_H,
106                               PERFORMER_W, PERFORMER_H,
107                               STATE_STANDING, PERFORMER2_IMAGE)
108         self.performers.add(performer)
109         # 告知第二个人正乘坐在跷跷板上
110         self.seesaw.ride(performer)
111
112         # Group 的统一管理
113         self.objects = [self.yellows, self.greens, self.blues,
114                         seesaws, self.performers, self.jumpboards]
115         self.balloons = [self.yellows, self.greens, self.blues]
116         self.screen.fill(BLACK)
117         self.frame()
118         self.show_score()
```

另外，常量变量[①]如程序 15.2 所示，在程序开头就定义了。

程序 15.2　固定值变量

```
1   WHITE, RED, GREEN = ((255, 255, 255), (255, 0, 0),(0, 255, 0))
2   BLUE, YELLOW, BLACK = ((0, 0, 255), (255, 255, 0), (0, 0, 0))
3   FPS = 40                   # 画图的更新速度（flame per second）
4
5   WIDTH = 800                # 整个画面的宽度
6   HEIGHT = 700               # 整个画面的高度
7   NORTH = 80                 # 画面顶端
8   WEST = 0                   # 画面左端
9   EAST = 800                 # 画面右端
10  SOUTH = 680                # 画面下端
```

① 在 Python 中没有“常量”，所以采用了固定值变量。

```
11  X_CENTER = (WEST + EAST)/2    # 画面 X 的中心
12
13  BALLOON_TOP = 18 + NORTH       # 气球顶部的高度 => 98
14  BALLOON_GAP = 35               # 气球的列的间隔
15  BALLOON_GAP_Y = 20
16  BALLOON_DIAM = 45              # 气球的直径
17  BALLOON_VX = 2                 # 气球的移动速度
18  BALLOON_JUMP = WIDTH + BALLOON_DIAM + BALLOON_GAP
19  BALLOON_LAST_X = BALLOON_JUMP + 1              # 初始设置
20  BALLOON_STEP = BALLOON_DIAM + BALLOON_GAP      # 气球的 Y 加法运算
21
22  YELLOW_IMAGE1 = 'yellow1.png'
23  YELLOW_IMAGE2 = 'yellow2.png'
24  GREEN_IMAGE1 = 'green1.png'
25  GREEN_IMAGE2 = 'green2.png'
26  BLUE_IMAGE1 = 'blue1.png'
27  BLUE_IMAGE2 = 'blue2.png'
28
29  YELLOW_SCORE = 10
30  GREEN_SCORE = 20
31  BLUE_SCORE = 30
32  YELLOW_BONUS = 100
33  GREEN_BONUS = 200
34  BLUE_BONUS = 300
35
36  SEESAW_H = 20                  # 跷跷板的高度
37  SEESAW_W = 140                 # 跷跷板的宽度
38  SEESAW_X = (EAST-SEESAW_W)/2 + WEST
39  SEESAW_Y = SOUTH - SEESAW_H - 15
40  SEESAW_VX = 8                  # 跷跷板的移动速度
41  SEESAW1_IMAGE = "seesaw1.png"
42  SEESAW2_IMAGE = "seesaw2.png"
43
44  FONT_SIZE = 24
45
46  SCORE_X = 0                    # 成绩的显示位置
47  SCORE_Y = 0
48
49  MESSAGE_TOP = BALLOON_TOP + 3*BALLOON_DIAM + 2*BALLOON_GAP_Y + 50
```

```
50  MESSAGE_GAP = 40                    # 标题消息的显示位置
51
52  PERFORMER_H = 40                    # 表演者的身高
53  PERFORMER_W = 20                    # 表演者的宽度
54  PERFORMER1_IMAGE = "performer1.png"
55  PERFORMER2_IMAGE = "performer2.png"
56
57  # 下落的人的初始位置
58  PERFORMER_X = (EAST-PERFORMER_W)/2 + WEST
59  PERFORMER_Y = BALLOON_TOP + 3*BALLOON_DIAM + 2*BALLOON_GAP_Y + 50
60  JUMP_CENTER = (SEESAW_W-PERFORMER_W)/2          # 用于计算跳跃速度
61  STATE_JUMPING = 1
62  STATE_STANDING = 2
63  GRAVITY = 0.3
64  MAX_VX = SEESAW_VX/1.2
65  MAX_VY = SEESAW_H - 2
66
67  # 跳台
68  JUMP_BOARD_HIGH = MESSAGE_TOP + 100
69  JUMP_BOARD_LOW = SEESAW_Y - 100
70  JUMP_BOARD_WIDTH = 50
71  JUMP_BOARD_HEIGHT = 5
72  LEFT_BOARD = 1
73  RIGHT_BOARD = 2
74
75  NUM_JUMPER = 5
76
77  # 状态迁移
78  STAGE_START = 1
79  STAGE_INTRO = 2
80  STAGE_RUN = 3
81  STAGE_DOWN = 4
82  STAGE_NEXT = 5
83  STAGE_OVER = 6
84  STAGE_QUIT = 7
```

在这个程序中，用各自的类方法来编写程序，主程序如程序 15.3 所示。

正如第 3 章末尾的专栏所述，main()函数并不是必需的。但是，一般情况下要写清楚“哪个是 main()”。在第 9 行中，当从外面直接执行这个文件时，就会执行 main()。然后从 main()函数的定义可以看出，Board 类是管理整个游戏的类，在第 5 行中从 board.run()退出后，就会立刻在

pygame.quit()中退出 pygame，然后在 sys.exit()中全部结束。

程序 15.3　主程序

```
1   # 主程序
2   def main():
3       board = Board(WIDTH, HEIGHT, NUM_JUMPER)
4       board.setup()
5       board.run()
6       pygame.quit()
7       sys.exit()
8
9   if __name__== "__main__":
10      main()
```

15.4　状态迁移

让我们来思考一下程序的运行状态。在程序 15.2 的最后，定义了 STAGE_START、STAGE_INTRO、……、STAGE_QUIT 7 个常量。

这些都是将游戏的进展情况定义为“状态”的名称，在一开始设计游戏时就要明确这些定义。如果整理一下每个常量所指的“状态”，则如下所示。

- STAGE_START（1）：程序刚启动、正在初始化。
- STAGE_INTRO（2）：开场画面。
- STAGE_RUN（3）：游戏进行中。
- STAGE_DOWN（4）：跳跃者刚坠落的状态。
- STAGE_NEXT（5）：还有表演者存在，未到下一个进展的状态。
- STAGE_OVER（6）：最后一个表演者坠落后的状态。
- STAGE_QUIT（7）：程序执行结束。

这个游戏很简单，包括 START 和 QUIT（在以后的说明中省略了“STAGE_”的部分[①]）在内也只定义了 7 种状态。但是，在构建规模较大的程序时，需要对各个“状态名称”等好好整理和定义。如果忽视了这种“上层设计”，那么开始实际开发后就会出现沟通不畅的问题。

一般来说，“状态”是随着“事件”而变化的。如果是 GUI 程序，鼠

---

① “STAGE_”是为了明确表达这是一个表示状态（这里是 STAGE）的名称而补的前缀。在大多数情况下，开发团队都会制定这样的前缀命名规则。

标的点击和图标的点击等是状态迁移的重要因素，而在游戏中，除了玩家的操作以外，由“进展”定义的内部变化（处理的完成，这里是表演者的坠落等）也是重要的事件。

- 事件 1：初始化完成。
- 事件 2：玩家按下了 Space 键。
- 事件 3：玩家单击了窗口上的“关闭”（Close）按钮。
- 事件 4：该状态下的显示过了一定时间[①]。
- 事件 5：表演者“坠落”了。

在此，我们总结了一下各种“状态”根据“事件”的不同会发生怎样的变化，如状态迁移表（表 15.1）和状态迁移图（图 15.2）所示。状态迁移总结了当在“原始状态”下发生“哪个事件”时，进行“什么样的处理”，以及迁移到哪个“下一个状态”。另外，对于不存在状态和事件的组合（或者不检查）的部分应注明 N/A（not applicable，不符合）[②]。

在这里，QUIT（7）不会保持一定的状态，而是直接结束程序，所以不在状态迁移表中注明。另外，DOWN（4）的状态是在要退出游戏进展的循环之后，在 if 语句的判断处理中拆分出下一个状态，所以写法有些不规范。

在这方面，如果所属组织等具有“严格定义方法的规则”，请遵循该规则。重要的是，首先要好好定义“状态”和事件的处理。

表 15.1 状态迁移表

原始状态	E1（初始化完成）	E2（Space）	E3（Close）	E4（时间经过）	E5（坠落）
START（1）	→INTRO（2）	N/A	N/A	N/A	N/A
INTRO（2）	N/A	→RUN（3）	→QUIT（7）	N/A	N/A
RUN（3）	N/A	N/A	→QUIT（7）	N/A	→DOWN（4）
DOWN（4）	N/A	N/A	→QUIT（7）	N/A	判定→NEXT（5）/OVER（6）
NEXT（5）	N/A	N/A	→QUIT（7）	→ RUN（3）	N/A
OVER（6）	N/A	→INTRO（2）	→QUIT（7）	→QUIT（7）	N/A

① 虽然这里笼统地认为是时间的流逝，但也可以根据状态定义为不同的事件。正确性和易懂性是最优先的。

② N/A 也有 not available（不可用的简称）的意思。大家可以根据上下文进行区分。

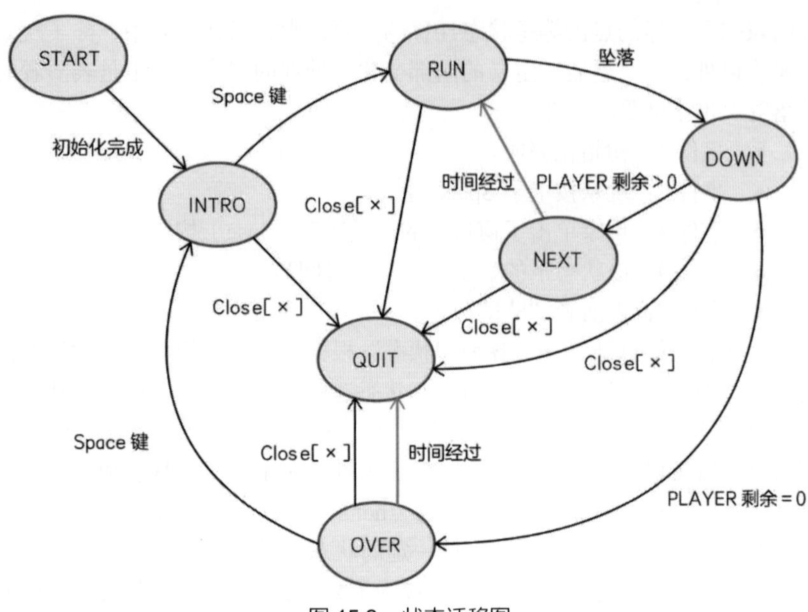

图 15.2　状态迁移图

实现了图 15.2 的状态迁移图后，Board 类的 run 的定义如下：

程序 15.4　游戏进展的控制

```
1  class Board():
2      def run(self):
3          while (self.stage != STAGE_QUIT):
4              if self.stage == STAGE_START:
5                  self.intro()
6              self.animate()
7              self.num_jumper -= 1
8              if self.stage == STAGE_DOWN and self.num_jumper > 0:
9                  self.stage = STAGE_NEXT
10                 self.next()
11             if self.stage != STAGE_QUIT:
12                 if self.num_jumper == 0:
13                     self.game_over()
14                     self.stage = STAGE_OVER
15                 else:          # 重新开始
16                     self.stage = STAGE_RUN
```

self.intro()处理 Space 键的输入和窗口系统中“关闭”按钮的事件。如果两个事件都没有发生，则在开场（片头）画面上弹出消息。并且，为了在开场画面中移动气球，和普通游戏的循环处理一样，更新气球的显示。

开场画面如图 15.3 所示。

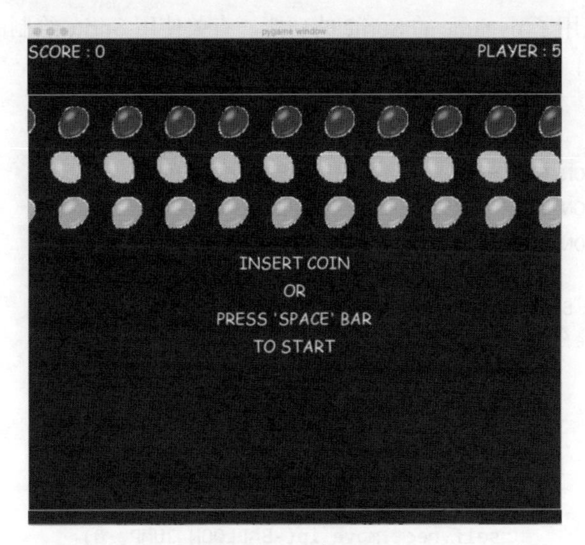

图 15.3　开场画面

还有图 15.4（1 DOWN 画面）和图 15.5（Game Over 画面），它们的画面构图一样，但显示的消息不一样。

图 15.4　1 DOWN 画面（仅消息部分）

图 15.5　Game Over 画面（仅消息部分）

15.5　动画设置

定义随着时间的推移而变化的对象。

对 Balloon、Performer、Seesaw 的“动作”分别进行如下编程。

- Balloon。

每 0.5s 改变一次气球的倾斜度。

- Performer。

跳跃者跳跃的时候，让显示位置发生变化。另外，当表演者站在跷跷板上时，让他和跷跷板一起移动。

- Seesaw。

跷跷板是通过降低表演者站立的一侧来显示的。

在此使用了 pygame 的 Sprite 的功能。有关使用 Sprite 绘制的详细信息，请参阅第 14 章。

程序 15.5　动作的程序

```
1   BALLOON_GAP = 35        # 气球和气球之间的间隔
2   BALLOON_DIAM = 45       # 气球的直径
3   BALLOON_JUMP = WIDTH + BALLOON_DIAM + BALLOON_GAP
4   
5   class Balloon(pygame.sprite.Sprite):
6       def update(self):
7           # 使绘制位置移动
8           self.rect.move_ip(self.vx, 0)
9           if self.rect.x <-BALLOON_DIAM:          # 显示，直到消失为止
10              self.rect.move_ip(BALLOON_JUMP, 0)
11          if self.rect.x > EAST:
12              self.rect.move_ip(-BALLOON_JUMP, 0)
13          if self.balloon_tilt < FPS/2:
14              self.image = self.image1
15          else:v
16              self.image = self.image2
17  
18  class Seesaw(pygame.sprite.Sprite):
19      def update(self):
20          if self.rect.x + self.vx < WEST:        # 不能再往左移动了
21              self.rect.move_ip(-self.rect.x, 0)
22              self.vx = 0
23              self.rider.move(0)
24          elif self.rect.x + self.rect.w + self.vx > EAST: # 右端
25              self.rect.move_ip(EAST - self.rect.w - self.rect.x, 0)
26              self.vx = 0
27              self.rider.move(0)
28          else:
29              self.rect.move_ip(self.vx, 0)
30  
31      # 按下“←”键时的处理
32      def move_left(self):
```

```
33            self.vx = - self.speed
34            self.rider.move(self.vx)
35
36        # 按下“→”键时的处理
37        def move_right(self):
38            self.vx = self.speed
39            self.rider.move(self.vx)
40
41    class Performer(pygame.sprite.Sprite):
42        def update(self):
43            # 在跳跃过程中，受重力的影响，具有纵向加速度。最先移动
44            if self.status == STATE_JUMPING:
45                self.vy += GRAVITY
46                self.vy = min(self.vy, MAX_VY)
47                self.rect.move_ip(self.vx, self.vy)
48            else:
49                self.vy = 0
50                self.rect.move_ip(self.vx, 0)
51
52            # 对于移动后的坐标，检查是从哪个方向“反弹”的
53            if self.status == STATE_JUMPING:
54                if self.rect.y + self.rect.h > SOUTH: # 坠落的判断
55                    self.vy = 0
56                    self.down = True
57                if self.rect.x <= WEST:   # 在左边的墙壁上反弹
58                    if self.vx < 0:
59                        self.vx = -self.vx
60                    elif self.vx == 0:    # 在左端，避免无限循环
61                        self.vx = 1
62                if self.rect.x + self.rect.w >= EAST: # 在右边的墙壁上反弹
63                    if self.vx > 0:
64                        self.vx = -self.vx
65                    elif self.vx == 0:    # 在右端，避免无限循环
66                        self.vx = -1
67                if self.rect.y <= NORTH:
68                    self.vy = -self.vy
69
70    class Board():
71        def animate(self):
```

```
72            while (self.stage == STAGE_RUN):
73                # 在 RUN 的循环中，进行以下事件处理
74                for event in pygame.event.get():
75                    # “关闭”按钮的处理
76                    if event.type == pygame.QUIT:
77                        self.stage = STAGE_QUIT
78                    if event.type == pygame.KEYDOWN:
79                        # “←”键的处理
80                        if event.key == pygame.K_LEFT:
81                            self.seesaw.move_left()
82                        # “→”键的处理
83                        if event.key == pygame.K_RIGHT:
84                            self.seesaw.move_right()
85                self.clock.tick(FPS)
86                # 气球的动画
87                self.balloon_anime()
88                # 对象的绘制
89                for obj in self.objects:
90                    obj.update()
91                    obj.draw(self.screen)
92
93        def balloon_anime(self):
94            self.balloon_tilt += 1
95            if self.balloon_tilt >= FPS:
96                self.balloon_tilt = 0
97            # 气球的动画
98            for color_groups in self.balloons: # Balloon
99                for balloon in color_groups:
100                   balloon.set_balloon_tilt(self.balloon_tilt)
```

Balloon 在画面的一端消失后，会从另一端出现。因此，要加上 BALLOON_JUMP 的偏移值，使向左移动的气球消失在左端后从右侧画面外出现，向右移动的气球消失在右端后从左侧画面外出现。这样一来，画面的左端和画面的右端就好像连在一起了。

注意，WIDTH 是屏幕宽度，BALLOON_GAP 是气球和气球之间的间隔。为了使衔接自然，将气球直径与气球间隔之和设置成画面横向宽度的约数。

self.balloon_tilt 设计成了在画面绘制的循环中递增，并在 FPS 中返回 0，

因此值在 1s 内从 0 变化到 FPS-1。然后用 if 语句进行分支，如果该值小于 FPS/2，则为图像 1（self.image1），如果在 FPS/2 以上，则为图像 2（self.image2）。结果就是，在气球的显示中，图像 1 和图像 2 每 0.5s 切换一次。在 board 内管理这个变量，并以通知各个 Balloon 实例的形式实现此变量。采用这种“实现形态”是为了提高 Balloon 和 Board 的独立性，尽量不进行“外部引用”（利用 global 变量）。

15.6 道具设计

在打气球游戏中，准备如图 15.6 所示的图像。

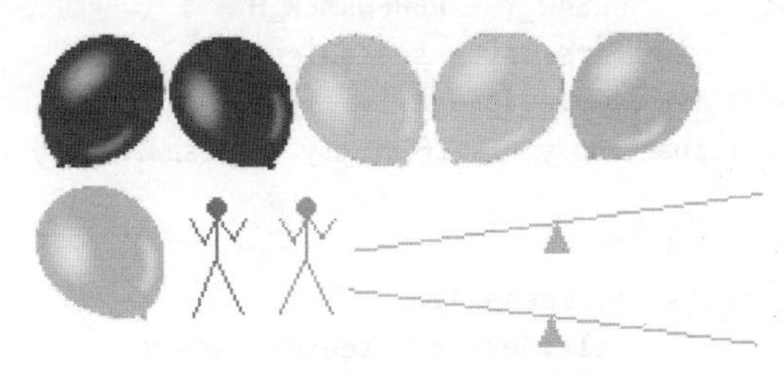

图 15.6　打气球游戏的图像

这些图像文件在程序 15.2 中是将文件名作为固定值定义在变量中的。然后，在每个实例初始化时传递文件名，在实例中展开为 Surface 对象。

考虑到内存的使用量，应该用 Balloon 图像的 Surface 对象作为 Board 类的实例，让 Balloon 对象分别保存其引用，这样的程序的运行效率更高，但在这里，我们优先考虑易读性，所以让每个实例都有 Surface 对象。

Seesaw 和 Performer 都有两个图像，Seesaw 的两个图像用于表示一个对象的两个状态，Performer 则对应于站在左侧的表演者和站在右侧的表演者这两个不同的对象。

在更讲究的程序中，改变跳跃中的 Performer 的各种姿势会更有趣。由于篇幅所限，这里就省略了这个功能。

15.7 物理模型

分场合定义表演者在跷跷板上着陆的动作。另外，考虑一下跳跃者碰到气球时的动作。

当跳跃者着陆时，离跷跷板中心越远，杠杆原理使另一边的跳跃者跳得越快。

这样的动作编程如下：

程序 15.6 动作的程序

```
1  JUMP_CENTER = (SEESAW_W-PERFORMER_W)/2 # 用于计算跳跃速度
2
3  class Performer(pygame.sprite.Sprite):
4      def jump(self, vx, vy, seesaw):
5          self.vx = vx
6          self.vy = vy
7          self.status = STATE_JUMPING
8          ymove = SEESAW_Y - PERFORMER_H - 1 \
9              - self.rect.y - seesaw.rect.h
10         self.rect.move_ip(self.vx, ymove)
11         self.inactive_y = self.rect.y - seesaw.rect.y + self.rect.h
12
13     # 根据着陆点加速
14     def check(self, seesaw):
15         x_diff = self.rect.x - seesaw.rect.x
16         # id:1 左边着陆、id:2 如果不是右边着陆，则出局
17         # 出界就出局
18         if self.id == 1:
19             if (x_diff + self.rect.w < 0 \
20                 or x_diff + self.rect.w/2 > JUMP_CENTER):
21                 return (0, 0)
22             x_offset = -1
23         else:
24             if (x_diff + self.rect.w/2 < JUMP_CENTER \
25                 or x_diff > seesaw.rect.w):
26                 return (0, 0)
27             else:
28                 x_diff = seesaw.rect.w - x_diff - self.rect.w
29             x_offset = 1
30         # 在这里是 0 <= x_diff <= JUMP_CENTER
31         # 等于 0 时线性转换为 2 倍，等于 jump_center 时线性转换为 0.5 倍
32         rate = 2 - 1.5 * x_diff / JUMP_CENTER
33         x_offset *= rate
34         return (x_offset, rate)
35
36 class Board():
37     def animate(self):
```

```
38          while (self.stage == STAGE_RUN):
39              ...
40              # 检查跷跷板和表演者的接触
41              collided = pygame.sprite.spritecollide(self.seesaw,
42                                                     self.performers,
43                                                     False)
44              if len(collided) > 1: # 注意一定有一个人在接触
45                  for person in self.performers.sprites():
46                      if person.status == STATE_JUMPING: # 着陆
47                          jumper = person
48                      else: # 当前站立的人
49                          stand_by_player = person
50                  if jumper.inactive_y == 0: # 跳跃者着陆
51                      x_offset, y_rate = jumper.check(self.seesaw)
52                      # rate 为 0 则坠落
53                      if y_rate==0:
54                          self.stage = STAGE_DOWN
55                      # 把着陆的跳跃者的信息继承给站着的表演者
56                      vx, vy = jumper.landed(self.seesaw)
57                      vx = max(min((self.seesaw.vx + vx)/2 + x_offset,
58                                   MAX_VX), -MAX_VX)
59                      vy = min(vy * y_rate, MAX_VY)
60                      stand_by_player.jump(vx, -vy, self.seesaw)
61                  else: # 刚刚跳起来的跳跃者（不是着陆）
62                      jumper.inactive_y += jumper.vy
63                      if jumper.inactive_y <= 0:
64                          jumper.inactive_y = 0 # 离开跷跷板
```

Performer 类的 check 方法计算 seesaw 和 performer 之间的相对位置关系。id = 1 的表演者必须始终在左侧着陆，同样 id = 2 的表演者必须在右侧着陆。为了确认表演者是否在自己应该着陆的一侧，求跷跷板的 x 坐标与表演者的 x 坐标之差（x_diff）。这个值用

```
rate = 2 - 1.5 * x_diff / JUMP_CENTER
```

转换为 0.5 ~ 2 之间的值。

然后在 Board 类的 animate 方法中，通过

```
vx, vy = jumper.landed(self.seesaw)
```

获得跳跃者着陆时的速度，如果着陆点在跷跷板的边缘，则速度为其 2 倍，如果着陆点在跷跷板中心，则速度为其 0.5 倍，以此计算 y 轴方向的“初始飞行速度”。也就是说，如果一直落在跷跷板中心附近，那么 y 轴方向的

初始速度会逐渐减小。

另外，关于 x 轴方向的移动速度，用

```
vx = max(min((self.seesaw.vx + vx)/2 + x_offset,
             MAX_VX), -MAX_VX)
```

计算出跷跷板的移动速度和自身移动速度的平均值，再加上 x_offset 的值，使其向外移动。这些系数的确定，以及在跷跷板上跳跃者的初始速度的设定，都与游戏的操作性、趣味性、难易度等有着很大的关系。

对跷跷板与表演者的碰撞判断，使用 pygame.sprite.spritecollide。这个结果会产生一个问题。当前站着的表演者，在跷跷板下降的一侧，从那个位置起跳的话，“碰撞判断”的结果会变成 True，因为刚起跳就在和跷跷板的 Rect（正方形区域）重叠的位置。为此，我们在 Performer 类中准备了一个 inactive_y 属性值，在这个值变为 0 之前，我们就可以判断“重合了，但不是着陆”。

把表演者最下面的坐标（performer.rect.y + performer.rect.h）与跷跷板最上面的坐标（seesaw.rect.y）的差值赋给 inactive_y 的初始值。y 轴方向的初始速度（performer.vy）是朝向画面上方的负值，所以加上 vy（值变小），当 inactive_y 变为 0 或负值时，可以确定跳跃者离开了跷跷板。

接下来，考虑重力作用于跳跃者时的速度变化。在程序 15.5 中，仅执行了

```
self.vy += GRAVITY
```

这一处理。“速度”是“加速度”的时间积分，根据微小的时间差 Δt 中的速度的“变化量”计算 1s 的“变化量”的值就是加速度。仅用这一项就能实现等加速度运动的物理模型。

15.8 打气球游戏的完成

实现 Board 类的初始化部分，反复测试运行，查看成绩显示、跳跃者“坠落”时的处理、游戏结束处理等，是否跟我们想象的一样，然后完成打气球游戏。

通过自己动手实际制作一番，就能逐渐掌握编程技能。思考“怎样做才能实现这样的操作”，有时也可以在网上搜索，参考别人的程序代码。另外，在不确定库的使用方法的情况下，请一定要查看库的参考信息，确认该库被设计成做指定工作的形式。

这里作为游戏实现的一部分，将只展示 Board类的 animate 方法。关于实际运行的打气球游戏的源代码，请参见下载的程序。

另外，在原版的打气球游戏中，跳跃者走上跳台，从那里朝着跷跷板跳下来，游戏才开始。

这次我们省略了“步行跳下”的部分。

程序 15.7　游戏控制的中心部分

```
1   class Board():
2       def animate(self):
3           while (self.stage == STAGE_RUN):
4               for event in pygame.event.get():
5                   # “关闭”按钮的处理
6                   if event.type == pygame.QUIT: self.stage = STAGE_QUIT
7                   if event.type == pygame.KEYDOWN:
8                       # “←”键的处理
9                       if event.key == pygame.K_LEFT:
10                          self.seesaw.move_left()
11                      # “→”键的处理
12                      if event.key == pygame.K_RIGHT:
13                          self.seesaw.move_right()
14                  if event.type == pygame.KEYUP:
15                      # “←”键的处理
16                      if event.key == pygame.K_LEFT:
17                          self.seesaw.stop()
18                      # “→”键的处理
19                      if event.key == pygame.K_RIGHT:
20                          self.seesaw.stop()
21              self.clock.tick(FPS)
22              # 气球的动画
23              self.balloon_anime()
24              # 对象的绘制
25              for obj in self.objects:
26                  obj.update()
27                  obj.draw(self.screen)
28              # 确认表演者的坠落
29              for performer in self.performers.sprites():
30                  if performer.down:
31                      self.stage = STAGE_DOWN
32              # 检查表演者与跳台的接触
33              collided = pygame.sprite.groupcollide(self.jumpboards,
34                                                    self.performers,
```

```
35                                                  False, False)
36              if len(collided)>0:
37                  for jumpboard in collided:
38                      performer = collided.get(jumpboard).pop()
39                      jumpboard.bump(performer)
40
41              # 检查跷跷板和表演者的接触
42              collided = pygame.sprite.spritecollide(self.seesaw,
43                                                     self.performers,
44                                                     False)
45              if len(collided) > 1: # 注意一定有一个人在接触
46                  for person in self.performers.sprites():
47                      if person.status == STATE_JUMPING: # 着陆
48                          jumper = person
49                      else: # 当前站立的人
50                          stand_by_player = person
51                  if jumper.inactive_y == 0: # 跳跃者着陆
52                      x_offset, y_rate = jumper.check(self.seesaw)
53                      # rate 为 0 则坠落
54                      if y_rate==0:
55                          self.stage = STAGE_DOWN
56                      # 把着陆的跳跃者的信息继承给站着的表演者
57                      vx, vy = jumper.landed(self.seesaw)
58                      vx = max(min((self.seesaw.vx + vx)/2 + x_offset,
59                                   MAX_VX), -MAX_VX)
60                      vy = min(vy * y_rate, MAX_VY)
61                      stand_by_player.jump(vx, -vy, self.seesaw)
62                  else: # 现在刚跳起来的跳跃者（不是着陆）
63                      jumper.inactive_y += jumper.vy
64                      if jumper.inactive_y <= 0:
65                          jumper.inactive_y = 0 # 离开跷跷板
66              # 检查表演者与气球的接触
67              for balloons in self.balloons:
68                  collided = pygame.sprite.groupcollide(
69                      balloons, self.performers, False, False
70                      )
71                  if len(collided)>0:
72                      for balloon in collided:
73                          performer = collided.get(balloon).pop()
74                          self.score += balloon.bump(performer)
75                          balloons.remove(balloon)
76                      if len(balloons) == 0:
```

```
77                      if balloons == self.yellows:
78                          self.score += YELLOW_BONUS
79                          self.setup_yellows()
80                      elif balloons == self.greens:
81                          self.score += GREEN_BONUS
82                          self.setup_greens()
83                      else:
84                          self.score += BLUE_BONUS
85                          self.setup_blues()
86
87          # 显示的更新
88          self.show_score()
89          pygame.display.flip()
90          self.screen.fill(BLACK)
91          self.frame()
```

在 self.balloons 中把 self.yellows、self.greens、self.blues 编写成了列表进行抽象化，但是在程序 15.7 的第 77 ~ 85 行中，成绩相加和 setup 处理是按颜色进行的。根据击中的颜色改变声音等，根据程序整体的“构想”，还是不要过于抽象化比较好。

整个程序大约 650 行，根据需要将文件按类别分割的话会更容易维护。请作为学习素材灵活运用。

15.9 总结

总结

1. 在开始写程序之前，整理一下需求设计，确定整体上想实现什么动作。
2. 在确定了整体构想之后，就要明确定义需求设计说明书中所使用的“术语”。
3. 定义构成程序的主要要素的模型（Class）。
4. 定义根据整体进展情况而变化的“状态”。
5. 整理改变状态的“事件”，制作状态迁移表和状态迁移图。
6. 如果需要，可以写一个小程序来检查每个动作。
7. 如果是有图像和运动的游戏程序，要准备图像，进行动画时间的控制。
8. 对基于物理模型的动作进行设计和编程。

附　录

附录 A　错误图鉴

有时会被问到“程序为什么运行不了”“不知道发生了什么”这样的问题。当我们遇到同样的代码发生了相似的失败的问题时，就觉得应该有一种可以称为“常见的失败”的错误图鉴。在本附录中，我们总结了几个这样的案例。

错误图鉴 1 ImportError: No module named tkinter

图 A.1 所示是当无法导入 tkinter 时发生的错误。消息显示可能会因版本不同而不同。

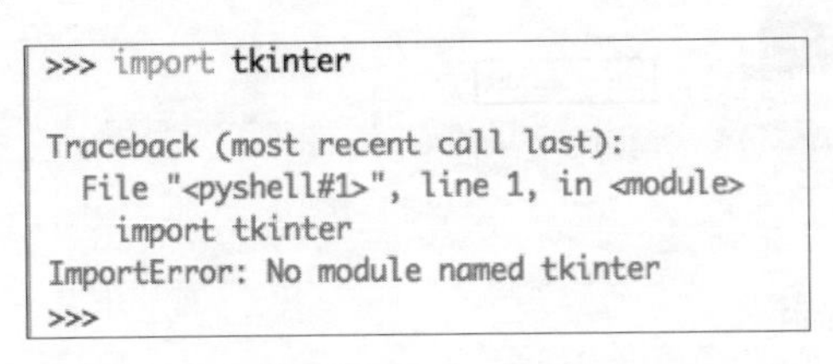

图 A.1 ImportError: No module named tkinter

避免 tkinter 安装问题的最简单方法是使用 Python 3。

Windows 系统

如果 Windows 系统出现无法安装 tkinter 的错误，请从图 1.9 所示的网站中下载最新版的 Python。

这里需注意，在安装时，在图 A.2 中单击 Customize installation，而不是 Install Now。单击后，就会打开图 A.3 所示的画面，在此勾选 “tcl/tk and IDLE” 复选框。

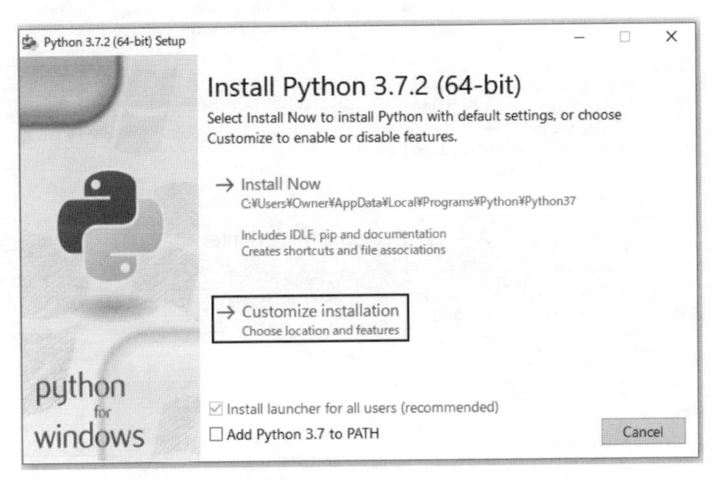

图 A.2 Windows 系统 Python Installer 的启动画面

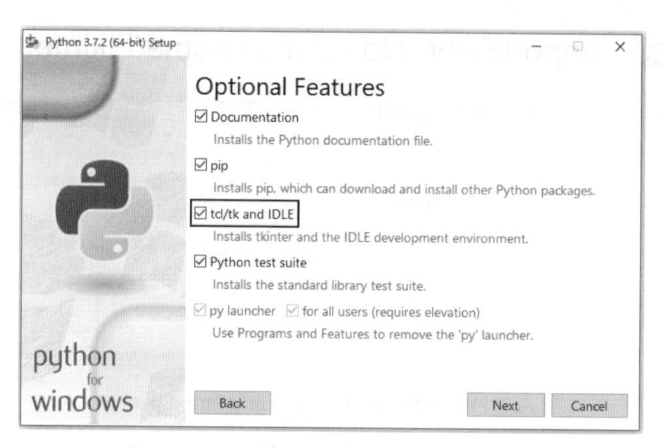

图 A.3　Windows 系统 Python Installer 的 option 画面

macOS

请注意模块的名称。在 Python 2 中是 Tkinter（图 A.4），而在 Python 3 中是 tkinter（图 A.5），不同的是字母 T 一个是大写，一个是小写。

基本上，请大家用 Python 3 进行练习。

```
Python 2.7.13 Shell
Python 2.7.13 (v2.7.13:a06454b1afa1, Dec 17 2016, 12:39:47)
[GCC 4.2.1 (Apple Inc. build 5666) (dot 3)] on darwin
Type "copyright", "credits" or "license()" for more information.
>>> import tkinter

Traceback (most recent call last):
  File "<pyshell#0>", line 1, in <module>
    import tkinter
ImportError: No module named tkinter
>>> import Tkinter
>>> |
```

图 A.4　在 Python 2 中是 Tkinter

```
Python 3.7.2 Shell
Python 3.7.2 (v3.7.2:9a3ffc0492, Dec 24 2018, 02:44:43)
[Clang 6.0 (clang-600.0.57)] on darwin
Type "help", "copyright", "credits" or "license()" for more information.
>>> import tkinter
>>> import Tkinter
Traceback (most recent call last):
  File "<pyshell#1>", line 1, in <module>
    import Tkinter
ModuleNotFoundError: No module named 'Tkinter'
>>>
```

图 A.5　在 Python 3 中是 tkinter

如果在 macOS 环境中有不得不使用 Python 2 的情况，即使改变模块名称也不能成功时，请从附赠的电子文档中获取网址下载并安装 ActiveTcl 8.5，而不是 macOS 内置的 Tcl/ tk。然后，可以尝试（在该环境中）安装最新的 Python 2.7，让 Python 自己设置 Tk 环境，也可以用 idle2（不是 idle）

启动，并用打开的 Python Shell 进行尝试。

Linux 系统

首先，从附赠的电子文档中获取网址下载 get-pip.py 。然后，在下载此文件的目录下执行下面的命令。正确执行后，将安装 pip。

```
> python get-pip.py
```

如果发生 Permission denied 错误，就执行下面的命令。

```
> sudo python get-pip.py
```

sudo 命令用于以管理员权限执行命令。如果以管理员权限执行，可能会产生破坏行为[①]，所以在执行 sudo 命令时更多加注意。

安装了 pip 之后，接下来用 pip 安装 tkinter 模块，命令如下：

```
> pip install tkinter
```

然后启动 IDLE，尝试执行下面的命令。

```
>>> import tkinter
```

错误图鉴 2 invalid character in identifier

图 A.6 所示是一个很难理解其发生了什么的错误。它是在运行程序时发生的错误。

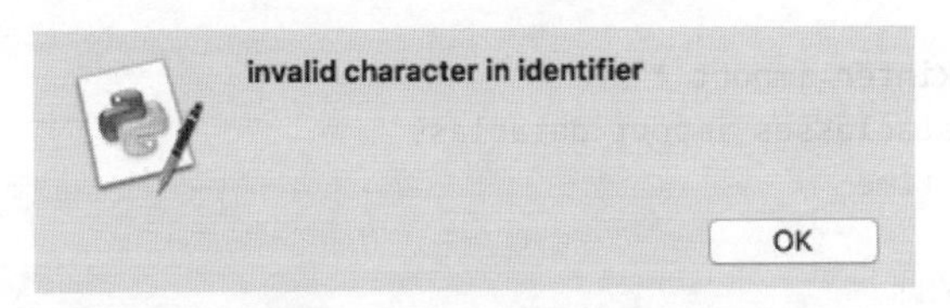

图 A.6 错误：invalid character in identifier

例如，在加入了很多注释，特别是在用中文写了让人容易理解的注释之后，不小心在程序中加了“空格”的情况下发生。因为“全角空格”是无法用眼睛看出来的，所以在不知道将空格写在了哪里的情况下运行之后，在添加了“全角空格”的地方就会发生错误。

所幸当通过菜单中的 Run 执行 Check Module 时，IDLE 会将包含全角字符的地方高亮显示为粉红色来提示我们（图 A.7）。在其他语言环境中，程序中“看不见的地方”的全角字符也会造成错误，但是有的处理系统有

① 管理员权限（root）可以破坏系统的配置文件。

时会在无关紧要的地方报错。关于这个处理，IDLE 可能是一个相当友好的解释器环境。

```
# 将参数集中到一处进行说明
duration = 0.001     # sleep时间=绘制的间隔
x0 = 150             # 球的 X初始值
y0 = 150             # 球的 Y初始值
d = 15               # 球的直径
vx0 = 2              # 球的移动量
█
# 墙壁的坐标也用词典定义
border = {"left":100, "right":800, "top":100, "bottom":600 }
```

会显示不小心加了全角空格的地方，将其删除

图 A.7　高亮显示程序中的全角空格

错误图鉴 3　拖尾的汽车

执行下面的程序后，汽车就会出现一道残影，变得又长又细（图 A.8）。到底是哪里不对呢?

程序 A.1　ex02-1-cars-err.py

```
1   # Python 游戏编程：第 2 章
2   # 练习题 2.1 移动“车”
3   # 出错示例
4   # -----------------
5   # 程序名: ex02-1-cars-err.py
6
7   from tkinter import *
8   from dataclasses import dataclass
9   import time
10
11  # 初始数据
12  DURATION = 0.01          # sleep 时间=绘制间隔
13  steps = 20000            # 帧数
14  RIGHT = 700              # 右侧的“折回”位置
15  LEFT = 100               # 左侧的“折回”位置
16
17  @dataclass
18  class Car:
19      x: int
20      y: int
21      l: int
22      h: int
23      wr: int
24      vx: int
```

```
25      c: str
26
27  # 生成各个汽车，返回“字典”
28  def create_car(x, y, l, h, wr, bcolor):
29      canvas.create_rectangle(x, y, x + l, y + h,
30                              fill=bcolor, outline=bcolor)
31      wh_1_x = x + l/4 - wr      # 前轮的中心位于整体的 1/4 位置
32      wh_2_x = x + 3*l/4 - wr    # 后轮的中心位于整体的 3/4 位置
33      wh_y = y + h - wr
34      canvas.create_oval(wh_1_x, wh_y, wh_1_x + 2*wr, wh_y + 2*wr,
35                         fill="black", outline="black")
36      canvas.create_oval(wh_2_x, wh_y, wh_2_x + 2*wr, wh_y + 2*wr,
37                         fill="black", outline="black")
38
39  tk=Tk()
40  canvas = Canvas(tk, width=800, height=600, bd=0)
41  canvas.pack()
42  tk.update()
43
44  # 汽车数据
45  cars = [
46      Car(150, 100, 100, 50, 10, 1, "blue"),
47      Car(200, 250, 100, 70, 5, 2, "red"),
48      Car(250, 400, 200, 40, 10, 1, "orange")
49      ]
50
51  # 整个程序的循环
52  for s in range(steps):
53      for car in cars:                       # 对所有的汽车循环
54          # 左侧是否要穿过墙壁
55          if (car.x + car.vx <= LEFT \
56              or car.x + car.l >= RIGHT):# 如果右侧穿过墙壁
57              car.vx = -car.vx               # 调转移动方向
58          car.x = car.x + car.vx
59          create_car(car.x, car.y, car.l, car.h, car.wr, car.c)
60      tk.update()                            # 绘图反映在画面上
61      time.sleep(DURATION)                   # 一直 sleep，直到下一次绘制
```

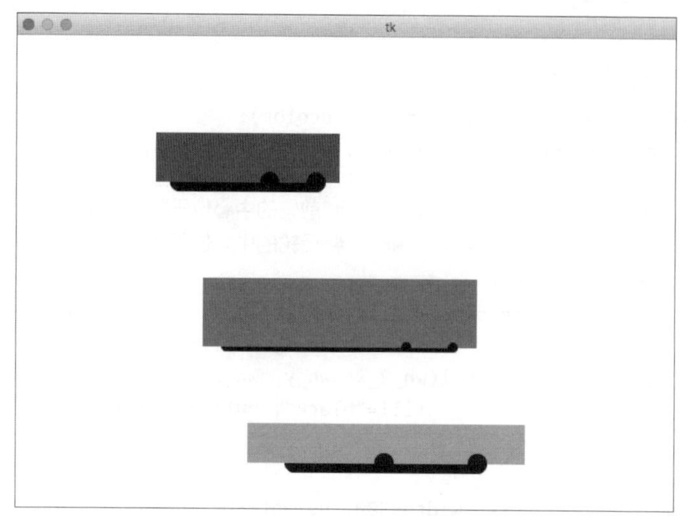

图 A.8　留有残影的汽车

在第 2 章练习题 2.1 的程序（ex02-1-cars.py）中，通过 id 接收 create_rectangle 等的执行结果，通过改变用该 id 绘制的图形的坐标并重新绘制来移动汽车。

而在这个程序中，create_rectangle 在循环中重复执行，id 是不保存的。这两个程序有什么不同呢？

在 tkinter 的环境中，绘制在画面上的图形会分别被分配 id，"资源分配"由 tkinter 来管理。然后通过 Canvas 的 coords 告知"坐标变了"，就会把画好的图形抹掉，重新绘制新的坐标。但是在程序 A.1 中，每秒绘制 100 次汽车，每辆都是独立的图形。也就是说，程序动作变成了在保留原汽车的情况下绘制出了新汽车，新汽车出现在稍微错开的位置。结果就是汽车有残影，看起来像拖着细长的尾巴。

此外，该程序的缺点在于，create_rectangle 或 create_oval 绘制的方形和圆形"被画完就不管了"，删除也没有释放内存，在 Canvas 上依然是"占用内存"的状态，所以计算机的内存资源会以猛烈的势头被"吞噬"。结果就是如果一直运行这个程序，车速就会越来越慢。因为还要对之前绘制过的所有汽车进行"重新绘制"。

为什么会发生这样的情况呢？原因应该就是单纯地把 create_rectangle 当成了只是在 Canvas 上"画图"的方法来使用，这是误解。在 create_rectangle 中，四边形被"保存在内存中"，Canvas 会记录并管理"这个图形现在在这里"的状态。因此，用 coords 进行的是移动图形，结果是把 Canvas 上的图形擦掉重新绘制。让程序员完全不用意识到“消除”的动作。而且，由于之前绘制的所有图形一直是“显示着的”，所以可以在画面上看到拖尾效果。

错误图鉴 4　name 'function name' is not defined

```
    canvas.bind_all('<KeyPress-Left>', left-paddle)
NameError: name 'left_paddle' is not defined
```

从第 3 章的事件处理开始，这个出错示例与 tkinter 的 bind 和 bind_all 都有关系。

bind_all 函数出现了错误，提示找不到 left_paddle。但是，从程序来看，肯定是定义了 left_paddle 的。哪里不对呢?

此时的程序如程序 A.2 所示。该写的都写了，但是顺序不对。在用 def 语句定义函数之前，用 bind_all 将函数定义为了事件处理程序。

程序 A.2　name 'function name' is not defined 错误的程序

```
# 将事件与事件处理程序绑定
canvas.bind_all('<KeyPress-Left>', left_paddle)
canvas.bind_all('<KeyPress-Right>', right_paddle)
...
# 推杆操作的事件处理程序
def left_paddle(event):          # 将速度设置为向左（负）
    pad["vx"] = - pad_vx
```

Python的程序是从上面开始按顺序解释的。def中的代码块是函数的定义，因此还没有被执行，先将其解释为定义。如果是这种写法，在 bind_all被执行时，left_paddle还没有被定义，所以会出现name 'left_paddle' is not defined 错误。

因此，通常从上到下依次按照

1．import 语句、tkinter 等环境相关的初始设置。
2．函数的定义。
3．变量等的初始设置。
4．执行的初始设置。
5．主循环。

这样的顺序来写，使程序调用被定义了的函数。

因为函数的定义部分还没有执行，所以可以在定义函数之后再对函数内部使用的变量进行初始化。

错误图鉴 5 “回不来的”函数调用

挑战了第 11 章的拓展问题 11.1，这是一种利用递归调用的自动搜索程序，用于在扫雷中连锁地、自动地打开与 0 方格相邻的方格。

写了下面这样一段代码之后，过了很多都没有反应。哪里不对呢？

程序 A.3 “回不来的”程序

```
def open_neighbors(i, j, board):
    if board.count(i, j) == 0:        # 当该方格为 0 时
        for (x, y) in board.neighbors(i, j):
        board.open(x, y)
        open_neighbors(x, y, board)
```

在这种情况下，为了调查执行过程中发生了什么，加入 print 语句是一个好办法。在第 4 行和第 5 行之间插入 print(x,y)并执行。于是，画面上出现如下显示结果。

程序 A.4 “回不来的”原因

```
>>> 0 3
0 2
0 4
0 3
0 2
0 4
```

发生了什么呢？从递归调用的(x,y)方格看到的“邻居”中，也包含最初调用的自己，因此邻居之间不断地相互调用。

为什么会发生这样的情况呢？原因是访问的“邻居”明明“打开着”，却递归调用了 open_neighbors，导致无法“返回”。为了让一个方格“只执行一次”，处于“打开”状态时不要再调用它，这一点很重要。因此，通过如下修改，这个“回不来的”现象就会解决。

程序 A.5 “回不来的”程序的修改

```
def open_neighbors(i, j, board):
    if board.count(i, j) == 0:                    # 当该方格为 0 时
        for (x, y) in board.neighbors(i, j):
            if board.is_open[x][y] == False: # 当该方格未打开时
                board.open(x, y)
                print(x, y)
                open_neighbors(x, y, board)
```